THE WORLD ATLAS OF COFFEE

SECOND EDITION

世界咖啡地圖

暢銷修訂版

THE WORLD ATLAS OF COFFEE
SECOND EDITION

世界咖啡地圖
暢銷修訂版

從一顆生豆到一杯咖啡，深入產地，探索知識，感受風味

詹姆斯·霍夫曼（James Hoffmann）著

王琪、謝博戎、魏嘉儀 譯

謝博戎 審訂

積木文化

VV0110C

世界咖啡地圖（暢銷修訂版）

從一顆生豆到一杯咖啡，深入產地，探索知識，感受風味

原 書 名／The World Atlas of Coffee: from Beans to Brewing:
　　　　　　Coffees Explored, Explained and Enjoyed（Second Edition）
作　　者／詹姆斯‧霍夫曼（James Hoffmann）
譯　　者／王琪、謝博戎、魏嘉儀
特約編輯／魏嘉儀

總 編 輯／王秀婷
主　　編／廖怡茜
版　　權／徐昉驊
行銷業務／黃明雪

發 行 人／涂玉雲
出　　版／積木文化
　　　　　104 台北市民生東路二段 141 號 5 樓
　　　　　官方部落格：http://cubepress.com.tw/
　　　　　電話：(02) 2500-7696　　傳真：(02) 2500-1953
　　　　　讀者服務信箱：service_cube@hmg.com.tw
發　　行／英屬蓋曼群島商家庭傳媒股份有限公司城邦分公司
　　　　　台北市民生東路二段 141 號 11 樓
　　　　　讀者服務專線：(02)25007718-9
　　　　　24 小時傳真專線：(02)25001990-1
　　　　　服務時間：週一至週五上午 09:30-12:00、下午 13:30-17:00
　　　　　郵撥：19863813　戶名：書蟲股份有限公司
　　　　　網站：城邦讀書花園　網址：www.cite.com.tw
香港發行所／城邦（香港）出版集團有限公司
　　　　　香港灣仔駱克道 193 號東超商業中心 1 樓
　　　　　電話：852-25086231　　傳真：852-25789337
　　　　　電子信箱：hkcite@biznetvigator.com
馬新發行所／城邦（馬新）出版集團 Cite (M) Sdn Bhd
　　　　　41, Jalan Radin Anum, Bandar Baru Sri Petaling,
　　　　　57000 Kuala Lumpur, Malaysia.
　　　　　電話：(603) 90563833 傳真：(603) 90576622
　　　　　電子信箱：services@cite.my

封面完稿、內頁排版／劉靜薏

2022 年 12 月 31 日　三版一刷
售　　價／ NT$1380
ISBN 978-986-459-441-2（精裝）
有著作權‧侵害必究
Printed in China.

國家圖書館出版品預行編目

世界咖啡地圖／詹姆斯．霍夫曼（James
Hoffmann）著；王琪，謝傳戎，魏嘉儀譯. --
三版. -- 臺北市：積木文化出版：英屬蓋曼
群島商家庭傳媒股份有限公司城邦分公司
發行, 2022.10
　面；　公分. --（飲饌風流；110）
譯自：The atlas of coffee, 2nd ed.
ISBN 978-986-459-441-2(精裝)

1.CST: 咖啡

427.42　　　　　　　111013016

目次 CONTENTS

導讀

「咖啡產業從沒像現在這般蓬勃發展。生產者比以往更清楚知道如何種植好咖啡，也有更多管道可以取得各式各樣的品種，以及認識許多農技專業人士，咖啡大師們也從未像今日一樣體認到使用新鮮採收的咖啡豆是多麼重要，對咖啡烘焙的認知也不斷進步。現在，越來越多咖啡館販售著真正的優質咖啡，使用最佳的設備與器材，以更有效率的方式訓練店內的員工。」我在本書的第一版寫下了這一段，時至今日，咖啡的世界依舊如是。

如今，優質美味的咖啡已確實成為主流。全球各大主要城市都塞滿了咖啡館、漫布了咖啡相關產業，推動咖啡產業的都是擁有無比熱情且辛勤工作的人們，他們忙著向大家分享令人興奮又使人雙眼發亮的咖啡世界。

咖啡產業非常巨大又遍及全球。今日，全球靠著咖啡產業維持生計的人口已經超過一億兩千五百萬人，而世上各個角落的人們都享受著咖啡。過去，咖啡與經濟及文化歷史緊密地結合，卻只有極少數的咖啡飲用者能窺得其深邃堂奧的一隅。雖然許多人尚未踏進探索咖啡世界的行列，但許許多多咖啡愛好者已經投入挖掘來源優質、貿易途徑透明，並以良好技巧謹慎沖煮的好咖啡。

咖啡產業可以粗略切分為兩個截然不同的領域：商業咖啡（commodity coffee）以及精品咖啡（specialty coffee）。本書將專注於精品咖啡，至於為何稱為精品，則是端看製作品質與嘗起來有多美味來界定。產地來源很重要，因為產地通常會決定咖啡的風味。商業咖啡一詞則泛指以交易為目標而非品質，進行買賣的僅是「咖啡」。咖啡種在哪裡、何時採收，甚至如何進行生豆後製處理，其實

都不是商業咖啡重視的，商業咖啡代表的意涵就是近乎全世界人們認知的那種咖啡：一種來自熱帶地區的一般產品，這種產品能將咖啡因有效率地（即使帶有苦味）流入血液，讓每一顆晨間依舊混沌的腦袋清醒。而將喝咖啡視為一種樂趣、為其風味的複雜變化而樂在其中的人，在全世界咖啡飲用文化裡仍屬相對少數。商業咖啡與精品咖啡兩種領域，在生產製作及國際貿易層面仍有許多相異之處，本質上，它們就是兩種截然不同的產品。

雖然這座咖啡的新世界正以驚人之勢成長，但有時反倒讓人稍稍卻步。對絕大多數人而言，咖啡世界的語言其實很陌生，但許多咖啡館都十分渴望分享自家咖啡背後的故事：它的品種、採收後的處理過程，還有在這杯咖啡背後努力的人們等等。人們可能因為這些陌生的語言而萌生挫折感。本書就是為了讓各位讀懂咖啡世界的語言而寫，讓各位開始理解面前這杯咖啡其背後故事的來龍去脈，並點出讓各座咖啡園與處理廠彼此相異又令人好奇的原因。

乍看之下，咖啡之間的十足多變以及極大量唾手可得的資訊，可能讓你不知所措。然而，當你對咖啡多了一點了解之後，就會發現正是它的多變與大量資訊，讓咖啡擁有難以抗拒的魅力。希望本書能對你有所幫助，讓你在品嘗每一杯咖啡時能多一點點樂趣。

十九世紀期間，印度的咖啡屋開始變得相當受歡迎，那兒常是英國紳士們社交、談公事以及討論時事與八卦的聚會場所。

第一章：
認識咖啡

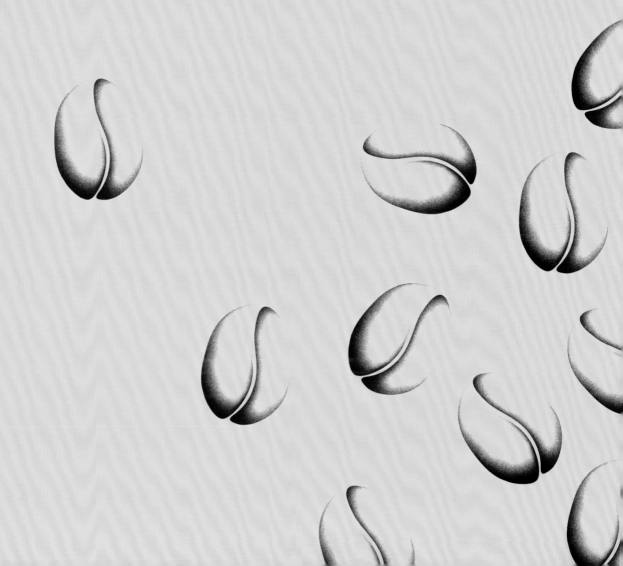

阿拉比卡與羅布斯塔

每當人們提到咖啡，通常指的就是從特定的植物物種（species）結出的果實，這個物種就是阿拉比卡（*Coffea Arabica*）。阿拉比卡是全球產製的咖啡豆主力，種植在南、北回歸線之間的數十個咖啡生產國裡。然而，它並非唯一的咖啡樹種，目前已經鑑識出來的共有超過一百二十種咖啡樹種，但僅一種擁有近似於阿拉比卡的能見度，即是卡內佛拉咖啡樹屬（*Coffea Canephora*，俗稱剛果屬咖啡），我們常稱之為羅布斯塔（Robusta）。

羅布斯塔一詞，說穿了其實是一種形容其咖啡樹種特性的品牌名詞，十九世紀末首度發現於當時的比利時屬剛果（今剛果民主共和國），它的商業潛力十分顯而易見，相較於現有的阿拉比卡，羅布斯塔可以在較低的海拔種植並結果，且能適應高溫的環境，擁有較好的抗病能力，這些特性就是羅布斯塔迄今仍繼續生產的主要原因，也因為羅布斯塔的生長環境需求較不嚴苛，使得生產羅布斯塔咖啡豆的成本相對便宜許多。不過羅布斯塔也有難以避免的缺點—— 咖啡不是很美味。

部分人對於咖啡樹種依舊有些爭論，他們認為經過完善後製處理的羅布斯塔咖啡風味比一些品質低落的阿拉比卡咖啡好喝，這也許是事實，但仍無法全然說服我們羅布斯塔咖啡是好喝的，雖然一般而言要將特定的風味歸因於咖啡樹種通常會有困難，但羅布斯塔咖啡的風味的確有著一種木質類、燒橡膠似的質感，酸度通常很低，卻有著厚重的風味結構與口感（詳見第67頁）。當然，羅布斯塔也有等級之分，要製作出高品質的羅布斯塔咖啡也是有可能的。多年以來，羅布斯塔咖啡一直是義式濃縮咖啡（espresso）文化裡的重要構成因素，但是近來全世界生產的大多數羅布斯塔咖啡，最終都將走進大型的商業生產工廠，製作成咖啡產業裡最受鄙視的產品：即溶咖啡。

對即溶咖啡產業而言，成本價格遠比風味重要，身為全球速食產品之一的咖啡，也代表羅布斯塔咖啡的全球市占率達到將近40％，這個占比也會隨著價格與市場需求而浮動，舉例來說，當全球咖啡價格上漲時，會有更多人生產羅布斯塔，因為大型跨國咖啡公司需要更便宜且非阿拉比卡的替代品。有趣的是，過去每當烘豆商使用羅布斯塔取代他們的大型商業化品牌綜合豆裡的阿拉比卡時，咖啡的消費量就會開始減少，這很有可能是因為風味，也很有可能是因為羅布斯塔比阿拉比卡高出兩倍的咖啡因。不論原因為何，當大型品牌偷工減料時，消費者最終總是會發現，或至少改變飲用咖啡的習慣。

咖啡的基因

咖啡產業一直以來都將羅布斯塔視為阿拉比卡醜陋的姊妹，直到一個有趣的基因研究發現才解開謎底。某次科學家進行基因序列比對時，清楚發現這兩個物種壓根兒不是兄弟姊妹或表親，羅布斯塔其實是阿拉比卡的雙親之一。最有可能誕生阿拉比卡的起源地是蘇丹南部，羅布斯塔在這兒與另一個咖啡樹種尤珍諾底斯（*Coffea euginoides*）交叉授

次頁：擷取自一本十九世紀藥用植物書籍，這幅詹姆士‧索爾比（James Sowerby）手繪銅版印刷圖，記載了阿拉比卡咖啡的白色花朵、果實以及樹葉形態。

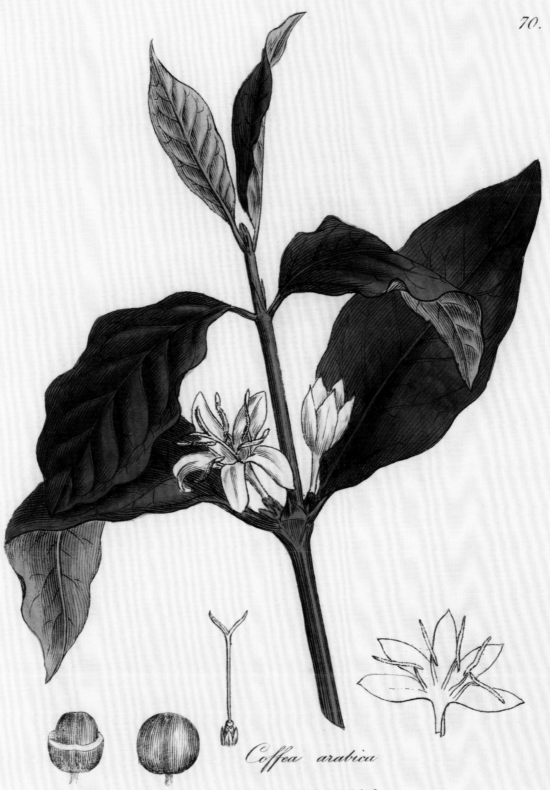

Coffea arabica

Published by Phillips & Pardon, Feby 1st 1807.

粉，因此產生了全新的阿拉比卡，這個新樹種自此開枝散葉，更一路到了衣索比亞繼續繁衍，而衣索比亞也因此長期被認為是咖啡的源起之地。

至今，全球已辨識出一百二十九個咖啡樹種，其中絕大多數是由英國倫敦的皇家植物園（Kew Gardens）完成，雖然許多咖啡樹種的樹形及果實長得與我們認知的咖啡不太相似。其中很多是馬達加斯加島的原生樹種，另有一些原生於南亞部分地區，最南則是在澳洲，這些樹種都尚未受到商業市場的關注，但科學家已經開始對它們產生興趣，原因是當前咖啡產業正面臨一項問題：目前栽種的咖啡樹種缺乏基因多元性。

咖啡樹遍布世界各地，這也表示這個全球化的作物彼此血統都很相近，因此基因變化並不大，這使得全球咖啡生產暴露在極大的風險中，只要有一種疾病攻擊了一株咖啡樹，就極有可能會攻擊所有咖啡樹，就像葡萄酒產業在1860及1870年代遭遇的葡萄瘤蚜蟲病（*phylloxera*），這種蚜蟲病摧毀了一片又一片葡萄園，當時幾乎整個歐洲的葡萄園無一倖免。

右：在一百二十九個咖啡樹種裡，絕大多數是馬達加斯加島的原生種，但如同圖中澳洲昆士蘭省這座咖啡園所展示，咖啡如今已然是全球化作物。

咖啡樹

這一節我們只介紹最富趣味的咖啡物種阿拉比卡。首先，所有阿拉比卡樹形看起來都很相像，它們都有細瘦的主幹，再加上繁多茂密的分枝，支撐著許多果實與樹葉。但更仔細地瞧瞧，就會發現其中包含許多類型的樹形特徵，這主要歸因於阿拉比卡擁有許多品種（variety），有的品種會有不同產量與顏色，有些品種的果實會結成一團團，有些品種的果實則是均勻分布在枝條上。

不同品種的咖啡葉片特徵也有極大差異，但更重要的是不同品種的種籽在經過採收及沖煮之後，嘗起來也有明顯的差別。不同品種有不同的風味特質，也有不同的口感特性（詳見第67頁）。我們必須謹記，咖啡生產者在選擇栽種哪個品種時，風味優劣並非主要的考量；對以種植咖啡為日常生計來源的生產者而言，品種是否具備高產量或高抗病性質更為重要。不過，這並不代表所有咖啡生產者都是以此標準決定種植的品種，很重要的是，我們必須有心理準備，生產者的抉擇與獲利其實和收入息息相關。

從種籽到成樹

許多較具規模的咖啡園都擁有自己的育苗區，功能是充當尚未茁壯的種苗在移植到咖啡園區前的庇護所。首先，它們會將咖啡豆（種籽）種植在肥沃的壤土中，很快地發芽後，咖啡豆本體會被新芽從地底抬升起來，這個階段的咖啡豆被稱為「衛兵」，看起來頗怪異，就像烘焙後的熟豆黏在一根細細的綠色葉柄上，不久後，整個植株會飛快地長

大，直到 6 ～ 12 個月後，種苗才能從育苗區移植到正式的咖啡園區裡。

　　種植咖啡不僅必須投入金錢，更須投入時間，一個咖啡生產者在種下種籽開始算起，至少須等待三年，才能開始有適量的果實可以採收。種植咖啡樹是一件必須很嚴肅看待且須下定決心的事，換句

咖啡樹的病蟲害

咖啡樹容易受到各式各樣害蟲及疾病的影響，其中最常見的兩種是葉鏽病（leaf rust）以及咖啡果小蠹（coffee berry borer, CBB）。

葉鏽病

在許多拉丁語系國家稱為「roya」，是一種真菌類咖啡駝孢鏽菌（*Hemileia vastatrix*）造成的疾病，會在樹葉上形成橘色的損傷，使樹葉光合作用變少而掉落，最終可能造成整株咖啡樹死亡。此疾病首見於 1861 年東非的文獻，但直到 1869 ～ 1879 年間在斯里蘭卡造成幾近滅絕的損害之前，尚未有人研究其成因與防治方法。1970 年，葉鏽病可能隨著由東非載運可可豆的商船，進一步傳播至巴西境內，自此迅速地散布到中美洲。

現今，葉鏽病可以說是全世界所有咖啡產國皆有，全球氣候變遷造成的暖化現象則使疫情更加惡化，許多中美洲咖啡產國在 2013 年都聲稱受到葉鏽病嚴重損害，且狀態已達緊急程度。

咖啡果小蠹

在拉丁語系國家稱為「broca」，這種小甲蟲（*Hypothenemus Hampei*）會將卵產到咖啡果實裡，剛孵化的小蠹會食用咖啡果實，因此不但會減少整體產量，也會降低咖啡品質。原生於非洲的咖啡果小蠹，現在已遍布全球咖啡產國，目前已有許多防治研究，包括化學殺蟲劑、捕蟲陷阱與微生物防治法等等。

左上：稱為「衛兵」的剛萌芽咖啡，這是咖啡樹生長的第一階段。

左中及左下：「衛兵」很快地發展，長出綠色葉子。歷經 6 ～ 12 個月，咖啡樹的雛型已發展完整，此時便能從育苗區移植到正式的咖啡園區栽種。

上：在漫長的雨季之後，一年之內一定可以聞到一到兩次咖啡花盛開的強烈香氛，因為阿拉比卡是自體授粉的物種，所有咖啡花最後一定會結出果實。

話說，一旦生產者棄種，將很難鼓起勇氣再次種下咖啡豆。

開花與結果

　　大多數的咖啡樹為一年一穫，某些產國一年會有二次收成，但通常產量較小且品質較低。整個生長循環始於一段為時不短的降雨期，雨水會促使咖啡樹開花，盛開的咖啡花朵氣味十分濃郁，令人聯想到茉莉花。

　　蜜蜂等昆蟲會協助咖啡花授粉，不過阿拉比卡的咖啡花可以自體授粉，意即除非因為不良氣候因素將花打落了，咖啡花最終都會結成果實。

　　總共要等待九個月，咖啡果實才會開始採收，不幸的是，咖啡果實並非同一時間成熟，生產者時常得面臨的掙扎之一，就是究竟該一次把成熟、未熟與過熟的果實同時採下湊出較多產量？還是付出額外成本請採果工人特別留心只摘採完美的成熟果實？

此處為在哥倫比亞欽齊那（Chinchiná）的種苗場，咖啡苗在出售給農莊之前會在此處停留約五個月，再經過三年的成長期，咖啡樹開始能有適量的結果。

咖啡果實

咖啡是我們每天的生活必需品之一，然而在沒有生產咖啡的國度裡，又有幾人能實際見到或認得咖啡的果實呢？

不同咖啡品種的果實大小也會不同，但整體而言咖啡果實的尺寸大約就是小型的葡萄，不過與葡萄不同的是，咖啡果實中心的種籽占了整顆果實的大部分，表皮及底下的一層果肉（果膠）占比很低。

所有咖啡果實一開始都是綠色，隨著日漸成熟，果皮顏色也日益轉深，成熟果實的果皮顏色通常為深紅，不過也有些品種是黃色的，有時黃果皮的咖啡樹與紅果皮的混血後，也會生出橘色果皮的品種。果皮顏色雖然不被認為與產量有關聯，生產者卻往往會避免種植黃果皮咖啡品種，因為辨識成熟度相對較困難。紅色果皮的果實會從一開始的綠色變為黃色再轉為紅色，手摘時因此更容易辨識成熟果實。

果實的成熟程度通常與含糖量多寡有直接關聯，而這正是種出美味咖啡的決定性重點。概括而

論，果實含糖量越高代表咖啡品質越好。但是，不同的生產者可能會選擇在不同的果實成熟階段進行採收，有些生產者認為混合不同成熟度的果實可以增加咖啡風味的複雜度，不過，所有果實必須達到一定的成熟度，不能有任何一顆過熟，以免發展出一些令人不悅的風味。

咖啡種籽

咖啡的種籽，也就是咖啡豆，由許多結構組成，大部分都會在生豆後製處理階段去除，留下我們拿來研磨及沖煮用的咖啡豆。種籽的外層具有保護作用，稱為內果皮（parchment），往內還有一層薄膜稱為銀皮（silverskin）。

大部分的咖啡果實內都有兩顆咖啡對生種籽，相連的面隨著果實發展呈現平面狀。偶爾會只有一顆種籽在果實中，稱為小圓豆（peaberry），它不像平豆有一面是平面，而是呈橢圓形，占總體產量的5%左右。小圓豆通常會被特別分離開來，因為有些人相信它具有特別討喜的特質，也有人覺得小圓豆必須用不同於平豆的烘焙方式處理。

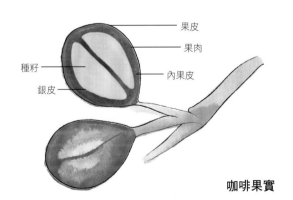

果皮
果肉
種籽
內果皮
銀皮

咖啡果實

上：咖啡種籽是將銀皮及內果皮脫除後得到的產物，也就是我們拿來研磨及沖煮用的咖啡豆。

前頁：哥倫比亞的 Guayabal 莊園一景。

咖啡品種

人工栽種的咖啡樹起源於衣索比亞，這個稱為帝比卡（Typica）的品種到今日仍有廣泛種植，另外還有許多現存的品種，像是一些自然突變以及其他混血品種。有些品種具有明確的風味特徵，有些則是依靠生長環境的風土條件（terroir）、栽種方式或生豆後製處理方式等因素而產生不同的特徵。

很少消費者會注意到阿拉比卡咖啡樹種之下，仍然有許多不同的品種存在，主要歸因於全球的咖啡交易方式一直以產國區分。一個批次的咖啡豆可能是由數座不同咖啡園的果實組成，出口時沒有人能確切知道這批豆子的生產者種了哪些品種，只知道這批豆子是在某個特定區域生產。這個現象目前正逐步改變，但關於品種對風味的影響程度，我們仍然所知甚少。

請謹記，接下來關於不同品種的介紹不會特別描述風味，除非有十分明確、獨特的風味關聯性。咖啡的風味受到許多因素影響，加上我們缺乏組織性的研究來佐證品種與風味之間的關係，為了不造成誤導，其實不宜做出如此大膽的主張。

「Variety」與「Varietal」？

這兩個詞時常被搞混。「variety」指的是在單一物種下、基因上具備獨特變異特徵的品種，此處我們指的是阿拉比卡物種（*Coffea arabica*）下的分支，不同的品種在樹形結構、樹葉形態、果實形態等特徵會顯現出許多相異之處，另一個可接受的同義詞為「cultivar」，這是「cultivated variety」截短後組成的字。另一方面，「varietal」一詞則僅限於稱呼某單一特定品種，例如某個莊園生產的咖啡樹是100%波旁品種時，我們就稱之為「Bourbon varietal」。

帝比卡 TYPICA

這個品種被認為是所有品種或基因篩選的原型。荷蘭是第一個將咖啡散布到世界各地進行商業化種植的國家，帝比卡就是當時的咖啡品種，帝比卡的果實通常是紅色，杯中風味表現也很突出，不過果實產量較其他品種少。世界各咖啡產國裡仍有不少地方種植帝比卡，也因此在不同地區擁有不同的名字，如克里奧留（Criollo）、蘇門答臘（Sumatra）以及阿拉畢戈（Arabigo）。

波旁 BOURBON

是在留尼旺島（Réunion Island，當時稱波旁）由帝比卡自然突變而來的品種，果實產量比帝比卡略多，許多從事精品咖啡產業的專業人士普遍認為波旁有一股獨特的甜味，因此能在比賽得獎，風味令人愉悅。咖啡果實有幾種顏色特徵，如紅果皮、黃果皮，有時還可看到橘果皮。過去四處可見波旁的蹤跡，但由於當時消費市場尚未成熟到願意付出相對較多的金錢，獎勵生產較低產量卻較高品質的咖啡，因此波旁在許多產國一度被其他產量更高的品種取代。

蒙多諾沃 MUNDO NOVO

帝比卡及波旁的自然混血品種。1940年代於巴西發現，以當地地名命名。蒙多諾沃因其相對較高的果實產量、較強壯的體質，以及較佳的抗病力而廣泛栽植。此外，它還能適應巴西常見約1,000～1,200公尺的中海拔高度。

卡杜拉 CATURRA

1837年於巴西發現的波旁突變品種。擁有較高的果實產量，但若果實產量超過植物本身能負荷的限度，會造成枝幹被壓垮而枯萎。良好的農園管理方式可以避免這樣的情形發生。卡杜拉在哥倫比亞及中美洲特別受到歡迎，巴西也頗為常見。杯中風味表現普遍認為優秀，但有隨海拔上升品質越佳、產量卻會隨之遞減的特性。卡杜拉有紅色及黃色果皮兩種不同的形態，植株高度屬於較低矮，有時會以「侏儒品種」或「半侏儒品種」稱之，其受歡迎的主因就是較方便於手工採收。

卡圖艾 CATUAI

1950～1960年代，卡圖艾是由巴西的農藝研究機構（Instituto Agronimico do Campinas）栽培的卡杜拉及蒙多諾沃混種。主要是想兼具卡杜拉的「侏儒」基因和蒙多諾沃的高產量與抗病性。卡圖艾與卡杜拉一樣，都有紅色及黃色果皮。

馬拉戈希貝 MARAGOGYPE

馬拉戈希貝是帝比卡較容易辨認的品種之一，首度發現於巴西。馬拉戈希貝十分有名，外型也十分討喜，主要因為豆體不尋常地巨大，樹葉也較

波旁（Bourbon）

卡杜拉（Caturra）

給夏（Geisha/Gesha）

一般品種寬大，不過果實產量就少了許多。因為巨大的豆體，而有「大象豆」（Elephant Bean）的別名。通常是紅色果皮。

SL-28

1930年代，位於肯亞的史考特實驗室（Scott Laboratories）由坦尚尼亞的耐旱品種選育出此品種，果實成熟時呈現紅色，種籽較一般品種略大。被認為可以製作出具有明顯水果風味的咖啡，通常以黑醋栗形容。SL-28十分容易感染葉鏽病，較適宜在高海拔地區種植。

SL-34

此品種由法國傳教士波旁（French Mission Bourbon）選育，法國傳教士波旁自波旁島（今留尼旺）帶進非洲，一開始出現在坦尚尼亞，稍後才引進肯亞，具有明顯的水果風味，不過一般認為風味略遜SL-28一籌，對葉鏽病抵抗力也很弱。具有紅色果皮。

給夏 GEISHA/GESHA

給夏（又稱藝伎）的英文正確拼字縱使目前還有爭議，但普遍來說較多人使用的是「Geisha」。今日種植於巴拿馬境內的給夏從哥斯大黎加引進，但一般認為源頭是衣索比亞西部名為「Gesha」的小鎮。此品種被認為可以製作出特別芳香的花朵香風味咖啡，近來因為高度的市場需求而價格暴漲。

2004年，巴拿馬的翡翠莊園（Hacienda La Esmeralda）以給夏獲得咖啡豆競賽冠軍，自此越來越受重視與歡迎，這批咖啡因為風味過於獨特，在當時以難以置信的每磅21美元開出創紀錄的競標金額，直到2006及2007年時被打破，以每磅130美元作收，比起商業咖啡的成交金額高出近百倍！也因此鼓勵了許多中美洲及南美洲的莊園爭相栽種給夏。

巴卡斯 PACAS

巴卡斯是波旁的自然突變品種，於1949年在薩爾瓦多被巴卡斯家族發現。巴卡斯品種的果皮為紅色，較低矮的樹叢有利於人工採收。普遍認為風味近似波旁，屬於較討喜的類型。

巴卡馬拉（Pacamara）

薇拉‧薩爾奇 VILLA SARCHI

在哥斯大黎加的小鎮發現，並因此而得名，是另一個波旁的自然突變品種，與巴卡斯一樣是「侏儒般」的低矮樹叢，目前已經培育成具有極高產量的咖啡品種，風味表現也非常優異。紅色果皮。

巴卡馬拉 PACAMARA

於1958年在薩爾瓦多人工培育的混血品種，雙親為巴卡斯和馬拉戈希貝，與馬拉戈希貝一樣具有大葉片、果實及種籽，風味也有許多明顯且正面的獨特性，嘗起來有類似巧克力和水果的風味，但也可能帶著較不討喜的草本與洋蔥風味。紅色果皮。

肯特 KENT

得名自1920年代印度一項選種計畫中一位咖啡農的姓氏。為了提高抵抗葉鏽病的能力而培育，不過要是遇上突變的葉鏽病，可能也難以倖免。

S795

也是在印度培育的品種之一，由肯特和S288混血，是較早被選育並具有抗葉鏽病能力的品種，印度和印尼廣泛地種植，不過目前認為可能已逐漸失去抗病力。

野生阿拉比卡品種
WILD ARABICA VARIETIES

之前介紹的所有品種基因相似度都極高，因為幾乎都源自於單一品種帝比卡。不過，許多生長在衣索比亞的咖啡樹都不是人工選育的品種，而是原生的始祖品種群（heirloom varieties），可能由不同的樹種或品種間自然混血繁衍而出現，目前尚未有足夠的研究能把所有的野生品種分門別類，更別說探究這些野生品種的基因多元性及風味表現差異了。

採收咖啡

對咖啡風味品質來說，謹慎採收咖啡果實是很基本卻非常重要的一步。無庸置疑地，當咖啡果實到達最佳成熟度所採收的果實，通常能製作出味道最棒的咖啡，專家將採收階段視為影響咖啡品質的關鍵，採收之後的各個階段僅能保存品質，無法改善品質。

　　採收高品質咖啡果實最大的挑戰，大概就是所在地的地形了。高品質的咖啡必須種植在相對較高海拔的地區，許多咖啡莊園就位在多山區域的陡峭斜坡上，單純只是穿過樹木的動作不僅已經十分困難，其實更是危險透頂，不過這正是每座咖啡莊園的真實寫照。

機械採收

　　巴西境內有許多海拔高同時地勢較平坦的區域，恰好適合大量栽植咖啡，這裡的大型莊園將大型機具開進整齊劃一的咖啡樹列中，發出振動使果實鬆脫掉落。使用機械採收有許多缺點，最大的問題是採收到未完熟的果實，咖啡樹枝條上的果實同時會有完熟與未熟存在，採收機器無法分辨成熟度，會一併採收兩者，這意味著採收完必須進行分離成熟果與未熟果的工序，隨著果實掉落的斷枝與樹葉也必須挑除。以機械方式採收可以大幅降低成本，不過普遍說來就是品質要有所妥協。

速剝採收法

　　因為大型機具仍有地形限制，絕大多數的採收

左：巴西 Cabo Verde 正以大型機具採收阿拉比卡咖啡。這種方式非常有效率，但採收之後必須另外進行成熟果實選別的工序。

工作還是必須倚賴手工。其中十分迅速的方式之一就是速剃採收法（strip picking），一次將整個枝條所有果實以熟練的手法快速剃除，就像機械採收般快速，但也較不精確，以此方式採收無須昂貴的機具，也不一定要在平坦的地勢，不過換來的是成熟果與未熟果混雜，之後仍然須進行篩選。

手摘採收法

　　為了製作出高品質的咖啡，手摘採收法（handpicking）仍然是目前最有效率的採收方式。採收工僅摘採狀態完備的漿果，未成熟的果實等成熟後再採收，這是一種沉重的勞務，莊園主要面對的課題是如何鼓勵採收工只摘採完熟的果實，由於採收工的工資是秤重計價，為了採收工難免心存偷採未熟果實以增加重量的心思，重視品質的莊園主必須格外注意採收團隊的待遇，必須針對採收品質的一致性給予額外獎勵。

下：採收後的咖啡果實可以透過水選浮力槽篩選，熟果會沉入水底，並由幫浦抽到下一個後製處理階段，未熟果則會浮在水面並分開處理。

有時，咖啡生產者會收集自然掉落的果實，不論成熟或未熟，它們都會成為低品質批次的一部分，即使是世上最棒的咖啡莊園都無法避免。將落果遺留在咖啡樹下會造成許多問題，因為落果可能會吸引咖啡果小蠹進駐（詳見第16頁）。

落果

人工的問題

　　使用手摘採收法漸漸面臨重大的挑戰，因為這種方式占整體生產成本很大的比例，這也是為什麼部分如夏威夷可娜區（Kona）的已發展國家產區，末端售價會如此昂貴的主因之一；在一些快速發展的國家，人們顯然不會一輩子只想靠採收咖啡維生，中美洲的咖啡莊園通常會雇用流動勞工進行採收，這些勞工會在許多國家間來回穿梭，因為不同地區的採收期都有些許不同，目前大多數這類流動採收工都來自尼加拉瓜（該區域經濟相對最弱勢的國家）。對咖啡莊園而言，找到足夠的勞力進行採收仍然是一項挑戰，事實上，波多黎各甚至一度讓囚犯協助採收！

篩選果實

　　採收後的果實，通常會再經過許多不同的篩選程序，避免未熟果與過熟果對整批品質造成影響，在一些工資相對低廉、較缺乏資金添購設備的地方，這一切都是靠手工。

　　在發展程度較高的國家，此工序通常會使用水選浮力槽進行，將咖啡果實倒入大型水槽中，成熟果會沉入水底，並由幫浦抽取送至主要的後製流程中，未熟果會浮在水面，接著撈出分開處理。

次頁上：在低工資地區，通常以手工摘採以達到成熟果實占比極大化。

次頁下：一名工人正在薩爾瓦多挑選著手工採收的果實。

生豆
後製處理

咖啡在採收後進行的後製處理方式，會對一杯咖啡的風味帶來戲劇性的影響，因此如何描述和推銷後製處理法顯得越來越重要。如果你認為咖啡生產者在選擇後製處理法時會把風味當一回事，那可就大錯特錯了，對絕大多數的生產者而言，如何在盡可能得到最少瑕疵豆並維持品質穩定的處理方式下，換得最多的金錢價值，才是他們的目標。

採收後，所有咖啡果實都會送至濕處理廠（wet mill）進行從剝除外果皮到曬乾咖啡豆等程序，才能達到適合儲存的狀態。在後製處理初期，咖啡豆含水率約60%，理想的生豆含水率則是11～12%，如此才不會在等待出售及運送期間腐壞。一間所謂的濕處理廠可以是單一家農莊獨自採購的若干設備，也可以是具備處理巨量咖啡豆的極大規模。

濕處理廠主要負責將咖啡果實製作成曬乾後的帶殼豆（parchment/pergamino），許多人相信外層的硬殼為裡面的咖啡生豆提供了完善的防護，脫去硬殼前的生豆通常不會衰化。一般做法是即將出口之前才會進行脫殼。

「濕處理」一詞有點誤導的意味，因為某些咖啡生產者在後製處理時根本不會用到水，不過這個稱呼倒是足以與緊接其後的「乾處理」（dry milling）有先後之分的功用，乾處理指的是脫殼（hulling）及生豆分級（grading），詳見第37頁。

毫無疑問地，後製處理對咖啡品質影響甚深，越來越多老練的咖啡生產者開始以操控後製處理流程的差異，製作出具備特定品質的產品，如今蔚為一股風潮。但是具備這種能力的咖啡生產者仍然是稀有人種。

對大多數咖啡生產者而言，製作出能換取最多利潤的咖啡豆是決定使用何種後製技巧的考量重點，有些後製處理方式需要較長的時間、較多的金錢或較多的天然資源，因此後製處理方式的決定顯得十分關鍵。

「瑕疵豆」的定義

「瑕疵豆」（defect）一詞在咖啡領域指的是會導致劣質風味的特定問題豆，有些瑕疵豆可以在生豆狀態時輕易發現，有些則是最後品測階段才察覺得出來。

較輕微的瑕疵豆像是蟲咬豆，比較容易肉眼察覺；較難以用肉眼判斷的則是較嚴重的酚類瑕疵豆，帶有較尖銳的金屬味及松香水似的味道，有時還會混雜著光是名稱聽起來就不太妙的硫化物氣味，成因目前尚未完全確認。不當的後製處理也會導致瑕疵豆產生，包括過度發酵味（fermented）、令人不舒服的土味（dirty）以及釀醉味，常令人聯想到穀倉旁的土地味或腐敗的水果味。

前頁：採收後的咖啡果實會在濕處理廠進行後製處理，外果皮會剝除並製作成曬乾的帶殼豆，以利儲存及運送。

日曬處理法

　　日曬處理法（natural process）亦稱乾燥式處理法（dry process），是最古老的生豆後製處理法。採收後的咖啡果實會直接鋪成薄薄一層以接收陽光曝曬，有些生產者會把果實放在磚造露臺上，有些則會使用特製的架高式日曬專用桌，讓果實得到更多空氣對流，乾燥效果更均勻。日曬過程中必須不斷翻動漿果，以避免發黴、過度發酵或腐敗。果實達到適當的含水率時，就會用機器將外果皮及硬殼脫除，在出口之前會以去殼生豆的狀態保存。

　　日曬處理法本身會為咖啡增加若干風味，偶爾會添加正向的好味道，但大多時候是令人不舒服的氣味。衣索比亞及巴西的某些區域裡，由於沒有水源，日曬處理法可能就是生產者唯一的選項。在全世界的產地裡，日曬處理法通常被視為用來製作非常低品質或未熟果較多的批次，大多數人會以最節省的方式製作，因為這些日曬豆最後多是留在國內市場，較不具經濟價值。如果為了這樣相對低的回饋投資架高式日曬專用桌，顯然有違直覺。不過部分選擇用日曬處理法製作高品質咖啡豆的人會發現，日曬處理法較為昂貴，因為想要照顧好這些高級日曬豆，就得付出較高的專注力與較多勞力。

　　在某些地方，日曬處理法仍維持著一貫的傳統，顯然市場對較仔細處理的日曬豆批次也有需求，不論是哪個品種或種在哪個微氣候區域，日曬處理法通常都會替咖啡增加水果般的風味。所謂的水果般風味通常指的是藍莓、草莓或熱帶水果，但有時則會產生負面的風味，如穀倉旁的土地味、野性風味、過度發酵味及糞便味等等。

　　高品質的日曬豆讓咖啡工作者走向極致，許多看得見咖啡真價值的人發現，那些嘗起來水果風味特別強烈的咖啡，格外適合展示咖啡風味的可能性。也有些人則覺得野性風味令人感到不舒服，或擔心越來越多採購者會變相鼓勵生產者做出更多日曬豆。日曬處理法是一種相對難以預測成敗的後製處理法，一個經過高品質採收的批次，有可能因這個處理法毀於一旦，造成難以挽救的失敗和生產者重大的財務損失。

水洗處理法

水洗處理法（washed process）的目標是在乾燥程序之前，去除咖啡豆上黏呼呼的果肉層，如此可大大降低在乾燥程序可能出現的變數，因此咖啡豆可能有較高的經濟價值。不過這個處理法也比其他處理法花費更多成本。

採收後的漿果，會以去皮機（depulper）將外果皮及大部分果肉與咖啡豆分離，帶殼豆隨後導引至乾淨的水槽裡，浸泡在水中進行發酵以去除剩餘的果肉層。

果肉層含有大量果膠體，會牢牢黏附在咖啡豆上，發酵作用則會破壞果膠體的黏性，使其容易沖洗下來。不同的生產者會採用不同的水量參與發酵過程。水洗處理法有環保方面的疑慮，部分原因是發酵後產生的污水可能帶有危害環境的毒性。

發酵程序所需時間與許多因素有關係，包括海拔高度及周圍環境溫度，越炎熱的環境發酵作用越快，假如咖啡豆在發酵過程浸泡太久，負面的風味就會增加。許多方法都可以檢測發酵作用是否完成，部分生產者會用手抓一抓咖啡豆，看看是否會發出果膠脫落時的嘎吱嘎吱聲，這就表示咖啡豆較

上：日曬處理法是處理咖啡果實最古老的方式，咖啡果實會曬乾到較穩定的狀態，以避免發黴、過度發酵或腐壞。

下：去皮機用來脫除咖啡外果皮及果肉層，接著，咖啡豆會導引至乾淨的水槽進行發酵程序，進一步去除剩餘的果肉層。

日曬處理法

揀除未成熟果實： 用手工揀除綠色的未成熟果實。

進行乾燥程序： 成熟的咖啡果實鋪平接受陽光曝曬，以人工不斷翻面讓空氣更均勻地在咖啡果實四周流動。

蜜處理法（帶果膠日曬處理法）

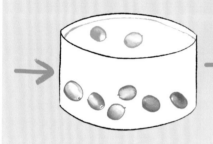

篩除未成熟果實： 採收後的咖啡果實倒入水槽進行浮力篩選，成熟的果實會下沉並直接導入下一階段處理，未成熟果實則會浮在水面。

去除外果皮： 以去皮機剝除外果皮與大部分的果肉層。

乾燥程序： 脫除果肉層後的帶殼豆鋪平在露臺或架高式日曬桌上曝曬，經過緩慢乾燥的咖啡豆，會增加甜味和口感的厚實度。

水洗處理法

篩除未成熟果實： 採收後的咖啡果實倒入水槽進行浮力篩選，成熟的果實會下沉並直接導入下一階段處理，未成熟果實則會浮在水面。

去除外果皮： 以去皮機剝除外果皮與大部分的果肉層。

發酵： 帶著果膠的咖啡生豆置於乾淨水槽發酵，以去除任何殘留在咖啡豆表面的果肉層。

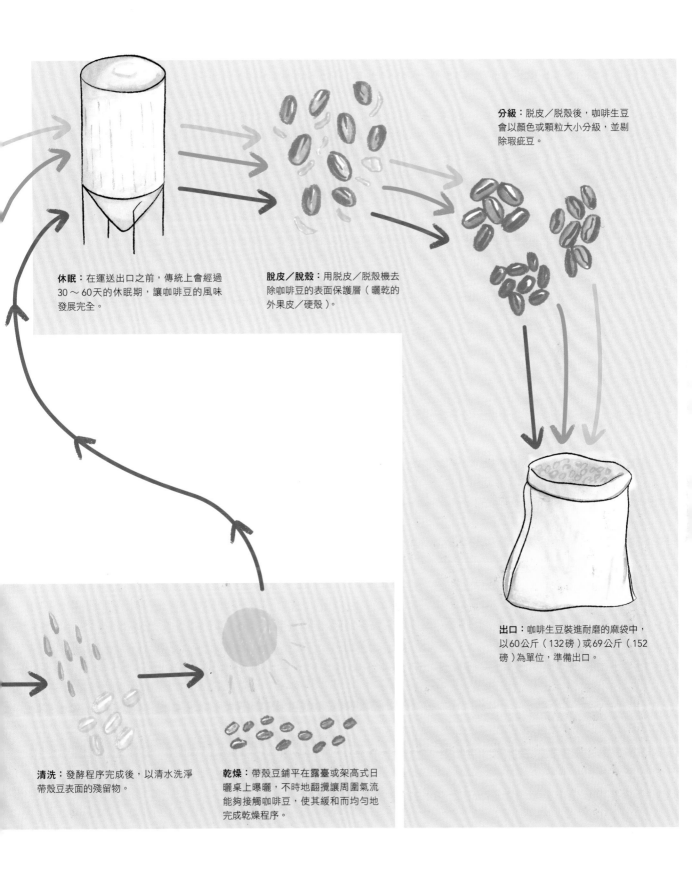

分級： 脫皮／脫殼後，咖啡生豆會以顏色或顆粒大小分級，並剔除瑕疵豆。

休眠： 在運送出口之前，傳統上會經過30～60天的休眠期，讓咖啡豆的風味發展完全。

脫皮／脫殼： 用脫皮／脫殼機去除咖啡豆的表面保護層（曬乾的外果皮／硬殼）。

出口： 咖啡生豆裝進耐磨的麻袋中，以60公斤（132磅）或69公斤（152磅）為單位，準備出口。

清洗： 發酵程序完成後，以清水洗淨帶殼豆表面的殘留物。

乾燥： 帶殼豆鋪平在露臺或架高式日曬桌上曝曬，不時地翻攪讓周圍氣流能夠接觸咖啡豆，使其緩和而均勻地完成乾燥程序。

乾爽而不黏滑；也有生產者會在水槽裡插入棒子檢查，果膠脫落後會讓水槽內的液體呈現微微的凝膠狀態，因此棒子如果能豎直，也就代表發酵程序完成了。

發酵程序完成後，會以清水為咖啡豆洗去殘留物，之後就等待乾燥了。乾燥程序通常是將咖啡豆平鋪在磚造露臺或架高式日曬專用桌上曝曬，與日曬處理法相同的是，這道工序必須用一根大耙子頻繁地翻動咖啡豆，以確保咖啡豆能夠緩和又均勻地乾燥。

在缺乏日照或濕度過高的區域，生產者會使用機械烘乾機將咖啡豆的含水率收乾至11 ～ 12%。以品質而論，機械烘乾法通常會被認為味道稍遜於天然的日曬乾燥法。另外，將咖啡豆置於露臺上直接曝曬，也有可能使得乾燥程序進展太快，因而無法達到品質最佳化的目標（詳見第33頁）。許多製作高品質咖啡豆的生產者為了減少瑕疵豆比例而選擇水洗處理法，這對杯中風味仍會產生衝擊，相較

於其他處理法，水洗處理法往往呈現酸度稍高、複雜度稍強以及更「乾淨」的杯中特質。「乾淨」是個重要的詞彙，意指一杯咖啡裡完全沒有任何負面風味的存在，例如瑕疵風味或不尋常的尖銳感（harshness）及澀感（astringency）。

混合式處理法
去果皮日曬處理法

此處理法主要在巴西採用，由設備製造商Pinhalense經過多次實驗研發出來，實驗的目標就是以比水洗處理法更少的水量，製作出高品質的咖啡豆。

採收之後，咖啡果實會以去皮機剝除外果皮和大部分的果肉層，直接送至露臺或架高式日曬床進行乾燥程序，保留的果肉層越少，越能降低產生瑕

下：脫除硬殼後的生豆會以人工方式進行咖啡豆大小與顏色的分級，同時挑除瑕疵豆，這個非常費時的程序能製作出品質非常高的咖啡。

疵豆的風險，但這一小部分的果肉層仍會為咖啡豆貢獻更多甜味與風味厚實度。該處理法仍須格外留意脫除果皮與果肉後的乾燥程序。

蜜處理法

蜜處理法十分近似去果皮日曬處理法，主要在哥斯大黎加和薩爾瓦多等為數不少的中美洲國家採用。採收後的咖啡果實一樣會以去皮機剝除外果皮，但會比去果皮日曬處理法使用更少的水。去皮機通常可以控制留在豆表硬殼的果肉層多寡，以此製作的咖啡可能稱為100%蜜處理或20%蜜處理等，西班牙文的「miel」翻譯成英文就是「honey」，指的是咖啡果肉的黏膜層。

保留越多的果肉層，進行乾燥程序時產生過度發酵的風味瑕疵風險就越高。

半水洗處理法／濕磨處理法

此為印尼常見的處理法，當地稱為「giling basah」。採收後的果實脫除果皮後，會進行短時間的乾燥程序，與其他處理法不同之處在於，不是直接將咖啡豆曬到含水率11～12%，而是先曬到含水率30～35%時脫去表面硬殼，讓生豆表面直接暴露出來，之後繼續曬乾直到達到不易腐壞、方便儲存的含水率為止，這種二次乾燥的方式賦予咖啡豆如沼澤般的深綠色外觀。

半水洗處理法是所有處理法中唯一不是在運送出口前才把硬殼脫除的，許多人認為這是造成瑕疵風味的因素之一，但市場上顯然已經將此視為印尼咖啡豆必定會出現的味道，因此不急著讓此處理法消失。半水洗式處理法有著較低沉的酸度，同時有更厚實的特性，加上此處理法也製造出來許多不同的風味，如木質味、土壤味、黴味、香料味、菸草味及皮革味，咖啡業界一直對這些風味是否討喜有很大的爭議，許多人認為這些味道過於強烈，而掩蓋住咖啡本身的味道（就像日曬豆的強烈味道也會蓋住咖啡味），我們也很少有人真正探究印尼咖啡到底應該嘗起來如何。然而，我認為印尼也有一些水洗處理法製作的咖啡豆頗為值得嘗試，這些咖啡豆很容易辨識，因為包裝外袋大多都會標示「水洗處理法」（washed/fully washed）。

脫殼及運送出口

離開濕處理廠之後，咖啡豆仍是保存在硬殼內部（除非是以半水洗處理法製作），這時的生豆含水率已經低到不必擔心腐壞，能夠放心地儲放，傳統做法會在此時讓咖啡豆進行「休眠」（resting），為期30～60天左右。

要讓咖啡豆進行休眠的原因尚未研究出來，部分有趣傳言表示只要跳過休眠程序，咖啡嘗起來會帶著青澀等不討喜的特質，但陳放一陣子之後又會恢復正常；另一個證據顯示，休眠程序會影響到咖啡豆在運送過程之後的陳放潛力，也許與生豆內部的含水率有關。

在這段期間的尾聲，咖啡豆售出時才會進行脫殼，在此之前，外部的硬殼就是咖啡生豆最好的保護層，但帶著硬殼一起運送會增加重量和體積，因此必須在運送之前脫殼以節省運輸的開銷。

脫殼程序是在乾處理廠使用脫殼機去除硬殼，相對於乾處理廠，濕處理廠則是脫除外果皮及果肉層，最後再進行乾燥的程序。乾處理廠一般也會有分級或篩選設備，脫殼之後，咖啡生豆會輸送到一部色選機裡檢測顏色，任何明顯的瑕疵豆都會挑除，接下來也可以使用大型的多層振動式篩網，將不同尺寸的咖啡生豆分類，再以手工進行最後的分級。

這道十分費時的程序會在一個搭配輸送帶的大型檯面進行，有時則會在大型露臺上進行，常由女性工作者擔綱而非男性，她們會盡可能地在分派到的咖啡豆中挑除所有瑕疵豆，有時還會以自動化輸送帶限制挑豆的時間長短，這是個緩慢的程序，替咖啡豆增加了可觀的成本，但同時也大幅提升品質。這毫無疑問是件艱難又單調乏味的工作，因此有耐心擔綱這份工作的人就能得到較高的報酬。

裝袋

此時，終於能將咖啡生豆裝袋了，通常會依

在衣索比亞中南部的耶加雪芙村（Yirgacheffe）附近，工人正在縫合裝著60公斤（132磅）重的咖啡豆麻袋，這些廣受歡迎的產品會出口到世界各地。

照產國各自的習慣裝成60公斤（132磅）或69公斤（152磅），有時甚至會搭配具保護性質材的袋子，如多層聚乙烯，讓咖啡生豆防潮，有時會做成咖啡生豆真空包，再以厚紙箱打包後才運送出口。

麻袋長久以來一直是包裝咖啡生豆的主要材質，主因是很便宜、容易取得，且對環境的衝擊較低。但是，隨著精品咖啡產業對於運輸的狀態與其後日常保存狀態有更高需求，勢必須要再尋找其他新的包裝材質。

運輸

一般來說，從原產國運輸咖啡生豆出口都會使用貨櫃，一只貨櫃最多可以裝三百個咖啡豆麻袋，部分廉價的低品質咖啡豆有時會直接倒入貨櫃，只用巨大的襯布蓋住表面，因為購買這類低品質咖啡豆的烘豆商通常在一收到貨的當下，立即進行處理加工，整個貨櫃會用吊車直接把咖啡生豆倒進烘豆廠的進料站區內。

使用貨櫃並以海運運送咖啡生豆，是一種相對於其他運送方式對環境衝擊較低的方法，海運運費也相對便宜，缺點是會讓咖啡生豆暴露在高溫與濕氣高的環境下，品質可能因此打折扣。同時，運輸也是一項複雜性高的程序，許多國家的海關常會因為牛步般的繁冗紙上作業，造成咖啡生豆必須存放在炎熱、潮濕的港口中至少幾週，有時甚至長達數月。空運則仍然是對環境及成本較不友善的選項，許多精品咖啡從業人士至今仍因為運輸問題而感到挫折。

尺寸及分級

在許多咖啡產國裡，以咖啡豆尺寸大小分級的歷史較久，以品質分級的歷史較短，事實上兩者之間仍然被認為有點關聯，雖然以技術層面而言完全不同。不同的產國會採用不同的分級詞彙定義他們的咖啡豆等級（詳見右方專欄）。

分級通常是使用不同孔徑尺寸的篩網分離不同大小的顆粒，傳統上，偶數號（14／16／18目）的篩網是用來篩選阿拉比卡，奇數號（13／15／17目）則用來篩選羅布斯塔。一經脫殼程序後，咖啡生豆會馬上導入裝有許多不同號數篩網的振動式篩選機進行尺寸分級。

小圓豆是最小號數、完整無破損咖啡豆的等級，一顆果實內僅有一粒生豆時，就是小圓豆，正常情況下，一顆果實內應該會有兩顆平豆。小圓豆被認為可能有較高的風味密集度，但並非舉世皆準，但拿相同批次的小圓豆與平豆比較，是一種很有趣的經驗。

大顆的豆子不一定就是最好的，就烘豆而言，豆子的顆粒大小差異越少越有利，烘出的咖啡豆也較均勻。因為不同大小的咖啡豆有不一樣的密度，在烘焙過程中，較小的顆粒（通常密度也較低）會發展得較快，較大的顆粒（通常密度較高）則發展得較慢，如果將差異很大的咖啡豆混合烘焙到同樣的落點時，至少會有一部分沒有達到理想烘焙落點。

常見的尺寸分級名稱

不同咖啡產區最常見的尺寸分級名稱：

哥倫比亞

優選（excelso）與特選（supremo）是兩個最常見的分級名稱。優選代表尺寸目數為14～16目間的咖啡生豆，特選則代表16～18目間或更大尺寸。哥倫比亞的咖啡銷售系統是產業先驅，他們以此分級方式強調品質的差異（詳見第205頁）。

中美洲

此區域較大的尺寸稱為特級豆（superior），也是一種以尺寸強調品質高低的模式，小圓豆則稱為蝸牛豆（caracol）。

非洲

最大的尺寸稱為AA級，AB級次之，A級第三。在肯亞等咖啡產國裡，尺寸被特別強調與品質高低有直接關係，因此AA級的批次通常會傾向在國內拍賣系統以較高的價格出售。

小圓豆
一顆咖啡果實僅形成一顆
生豆

AB 級
因尺寸分級方式而認為
是好的品質，但市場價
值比AA級稍低

AA級
單一批次最大尺寸、市場
價值最高

**蜜處理法（帶果膠日曬處
理法）**
生豆仍附著少許果肉，外觀
略帶點橘色

水洗處理法
咖啡生豆外觀看起來比其
他兩種處理法乾淨許多

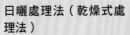

**日曬處理法（乾燥式處
理法）**
生豆具有典型的橘色／棕
色外觀，這是日曬處理法
的特徵之一

巴卡馬拉（馬拉戈希貝）
異常巨大的生豆，常被認為
味道很討喜

咖啡豆
交易模式

人們常會引用「咖啡是世界交易量第二大的期貨商品」這句話，此話其實並不屬實；不論交易頻率或金錢價值，咖啡甚至排不上前五名。即便如此，咖啡的交易模式已經成為部分道德組織重視的焦點。咖啡豆買賣雙方之間的關係，常被視為第一世界對第三世界的剝削，雖然毫無疑問地真有剝削之實，但也僅是少數人。

咖啡生豆通常以美元為報價單位，以磅（454公克）為重量單位。咖啡豆的交易價格在國際間擁有公定行情，稱為咖啡指數或C價格指數。此價格指數即是商業咖啡（詳見第7頁）在紐約證券交易所（New York Stock Exchange）的交易價格。咖啡產量是以袋計算，非洲、印尼或巴西的咖啡都是60公斤（132磅）一袋，中美洲則都是69公斤（152磅）一袋。雖然是以袋計算，但在大批次交易通常都是以貨櫃數為單位，一只貨櫃通常可裝載三百袋咖啡豆。

與一般人想像相反的是，紐約證券交易所裡真正買賣的咖啡量其實不多，但是C價格指數確實提供了全球咖啡交易時的最低基本價格，也是咖啡生產者能接受的最低售價。某些特定較優質批次的咖啡通常會依照C價格指數再增加若干金額，有些如哥斯大黎加及哥倫比亞等國家，一直以來都有較高的增加幅度，儘管這個買賣模式仍然多集中在商業咖啡，精品咖啡較少用。

依照C價格指數定價其實存有問題。因為價格是浮動的，某些區域的C價格指數通常會依據供需法則決定。但2000年底起，全球咖啡需求量一直增加，供應量則相對變少了，因此市場的咖啡價格便隨之提高，導致該年咖啡的C價格指數飆升到超過每磅3.00美元的史上最高點，這不單純只是供需法則如此簡單，也受到其他因素影響，許多貿易商及

上：攝於1937年巴西聖多斯（Santos）港口，眾多咖啡麻袋裝載上船的情形。到了今日，咖啡生豆幾乎都裝在貨櫃內運輸，一只貨櫃可以容納約三百袋。

投機型投資團體為了大賺一筆，投入大量熱錢，造成咖啡產業前所未見地泡沫化。C價格指數才開始從此高點慢慢跌回投機者難以圖利的正常範圍內。

C價格指數不會反映出咖啡的生產成本，僅照著C價格指數買賣，生產者可能會因為種植咖啡而陷入虧損，因應此問題最成功的對策當屬公平交易運動（Fair Trade movement），另外也當然還有其他咖啡永續發展的認證架構，如有機交易組織（Organic Trade Association）以及雨林聯盟

（Rainforest Alliance）等，詳見下方表格。

公平交易

　　公平交易實際的運作方式目前仍有一些模糊地帶，雖然公平交易已儼然成為一種成功的工具，讓人們購買咖啡豆時覺得比較對得起良心，許多人都假設公平交易系統承諾的事會完全做到，甚至做得更多，而且人們也認為任何咖啡都可以做到符合公平交易認證（理論上如此）。但現實並非如此，更糟糕的是，想攻擊公平交易認證制度的人，可以輕易地反駁說，農民並沒有在咖啡產業的交易本質裡真正拿到較好的收入。

　　公平交易制度保證農民可以收到一個基本價格，得以永續經營，當市場行情高於公平貿易的底價時，每磅咖啡可以收取比C價格指數高出0.05美元的價格。公平交易制度中公平貿易協會與咖啡產

銷合作社之類的組織合作，不能只針對單一農莊逕行認證。部分人士抱怨這樣的模式缺乏追溯性，並且很難保證多收的金錢能確實回饋給生產者。也有人批評這個模式無法真正鼓勵生產者提升品質，這的確讓精品咖啡產業改變尋找咖啡的方式，不再從商業咖啡模型中尋找貨源，而商業咖啡的價格是由全球供需關係決定，與咖啡本質或品質毫無關係。

精品咖啡產業

　　精品咖啡產業的烘豆商向咖啡生產者採購時，有許多不一樣的交易條件：

　　合作夥伴：這是一種咖啡生產者與咖啡烘豆商之間持續的夥伴關係，通常彼此會針對品質提升，以及更有利於永續經營的收購價格進行對話與合作，為了朝正面的方向前進，咖啡烘豆商必須購買

認證系統	有機認證	公平交易認證	雨林聯盟
目標	創造一個永續的農業系統，讓食物的生產與自然和諧共存，維持生物多樣性與土壤健康。	透過公平的價格直接貿易、社區發展，以及環境保護的方式，促使發展中國家農業家庭擁有更好的生活條件。	為了確保農場永續管理而整合以下條件：生物多樣性的保存、社區發展、勞工權益以及高效率的農耕方式。
源起和發展	可追溯至十九世紀在英國、印度以及美國的一些措施，第一筆有機認證始於1967年，後來發展成為國際認可的認證系統。	1970年代，由Max Havelaar基金會在荷蘭發起，現在是一個以德國為基地的公平交易標章組織（Fairtrade labelling organizations International, FLO），與超過二十個國家級的分支機構共同合作。	始於1992年，由雨林聯盟和一群拉丁美洲的非政府組織永續農業網絡（Sustaisable Agriculture Network, SAN）共同發起，1996年首次頒發認證。運作方式如下：進行認證的農園必須達到各方面的認證標準，包括環境保護、務農家庭的權益與福利，以及社區發展。

足夠數量的咖啡豆。

直接貿易：最近興起的交易模式之一，咖啡烘豆商希望能與咖啡生產者直接溝通，而非透過進口商、出口商或其他第三方組織。此模式的問題在於，隱約指涉進出口貿易商這個重要角色是剝削生產者的中間人。為了讓此模式能有效運作，咖啡烘豆商一樣必須購買足夠數量的咖啡豆。

公正買賣：每一筆交易都有良好透明度及可追溯的資料，並給付生產者較高的價格。此模式並沒有一套認證系統來定義每一筆交易，但是所有參與者都共同朝好的方向來完成交易，第三方組織有時也會參與，但通常只在會增加附加價值的條件下。這個名詞通常只有在消費者詢問某一支咖啡是否為公平交易咖啡時，才會特別提出說明。

這些交易模式背後的真正意涵，就是讓咖啡烘豆商嘗試購買更多容易追溯來源的咖啡豆，減少供應鏈裡不必要的中間人，並付出較高的價格獎勵願意生產較高品質咖啡豆的生產者。但是，這些模式與概念都遭受若干批評，若缺少第三方認證組織系統的證明，想要確認烘豆商是否真的如實以這些模式採購咖啡豆是有困難的。某些烘豆商可能會只採購咖啡進口商或掮客才擁有可追溯資訊的咖啡豆，卻聲稱是直接貿易或合作夥伴關係咖啡。

對咖啡生產者而言，從來沒有人可以保證長期的合作關係，因為有的採購者只追尋每年最佳品質的批次，但願意付出非常可觀的價格，這使得品質提升的長期規畫投資變得益形困難，某些中間商的服務也更顯珍貴，特別是對必須採購較小量的咖啡烘豆商而言，要將咖啡豆運送到世界各地的物流系統需要某個程度的專業與技術，這是許多小咖啡烘豆商無法做到的。

給消費者的忠告

選購咖啡時，對消費者來說，咖啡豆是否真正依照某些道德目標採購而來十分難以確認，有些精品咖啡烘豆商已經發展出一套由第三方認證的採購計畫，但大多數的烘豆商則否。假如包裝上有以下這些可追溯資訊時，你選購的咖啡豆就相對比較安全，也較可能讓生產者得到較好的收入，如標示生產者的姓名、合作社或處理廠名稱。你能得到的生產者資訊多寡會因不同產國而有所差異，再者，各個生產環節或多或少也會掩蓋這些資訊。如果買到一包很喜歡的咖啡豆，你應該詢問更多關於這包咖啡豆的資訊，大多數的烘豆商會樂意分享，而且通常對他們所做的努力感到極度自豪。

拍賣咖啡

透過網路拍賣會交易的咖啡豆，正緩慢而穩定地成長，最典型的形式就是在咖啡產國舉辦比賽，讓咖啡生產者提交他們的最佳批次咖啡進行評比，交由專業咖啡品評裁判給予名次，通常是由本國籍裁判進行第一輪的海選，之後再由世界各地咖啡採購者組成的國際評審團進行最終的風味鑑定。最佳批次的咖啡豆會在拍賣會中賣出，得獎的批次通常都會以非常高的價格成交。大多數的拍賣會會在網路公開所有得標價格，讓拍賣程序擁有最完整的可追溯資訊。

這個概念也受到少數已建立高品質品牌形象的單一莊園歡迎，只要國際採購者對他們的咖啡豆產生足夠的興趣，他們也可以自己舉行拍賣會。這樣的概念源於巴拿馬的翡翠莊園，他們的咖啡豆曾經贏得多次競賽首獎，並創下巨額成交金額的紀錄（詳見第254～257頁）。

採收後的咖啡果實會經過篩選，去除未熟果、過熟果、樹葉、泥土及斷枝，通常都是用人工進行，並利用篩網將不必要的物體篩除。

咖啡飲用
簡史

本書討論的是全球各咖啡生產國的種植歷史,但是,隨之成長的飲用歷史也相當重要。人們將咖啡稱為遍及全球的飲品,實至名歸,咖啡甚至經常被稱為全世界第二流行的飲品,僅次於水。雖然此說法背後沒有任何證據,但各式各樣咖啡飲品的普及程度,也讓人不禁懷疑也許確實如此。

同樣地,喝咖啡的歷史源起也不甚明朗,目前已知的相關證據也不多。部分證據顯示早期埃及地區也有種植咖啡的跡象,他們會將咖啡果實與動物脂肪揉成球,當作旅途間振奮心神的零食。然而,咖啡飲用歷史的那片關鍵拼圖依舊不為人知,我們依然不知道到底是誰想出來要把咖啡種籽取出,然後烘焙,再磨成粉,用熱水泡一泡,最後喝下這個煮出來的混合物。這是驚人的躍進,也可能是一個我們永遠無法解開的神祕謎題。

的確有證據顯示我們在十五世紀後期就開始飲用咖啡。但是,第一間咖啡館究竟是不是1475年開在君士坦丁堡(Constantinople)的Kiva Han?相關證據卻十分稀少。若真是如此,那麼葉門(Yemen)就是咖啡成長茁壯的地區之一,就目前所知,咖啡的飲用習慣確實有拓展至葉門。接著,咖啡很快地與政治及宗教思想相互牽連、密不可分,到了1511年,麥加(Mecca)開始禁止開設咖啡館,而開羅(Cairo)則在1532年宣布禁令。不過,兩地區也因為需求的聲浪不斷,而撤銷禁令。

右:1950年代,這種供應義式咖啡的咖啡館在倫敦很新奇。隨著最近幾年來咖啡飲品再次受到大眾歡迎而復甦,人們對咖啡館以及如何沖煮好咖啡再度興致大增。

上：歐洲史上第一間咖啡屋在1600年代中期誕生，迅速地取代了早餐飲用啤酒與葡萄酒的選擇。反觀新世界地區，則是在1773年美國波士頓茶黨事件爆發之後，咖啡因此成為一種愛國飲品而捲起一股流行風潮。

抵達歐洲，向世界拓展

到了1600年代，飲用咖啡的習慣終於到了歐洲，喝咖啡的藥用目的也增加了咖啡館在歐洲拓展的速度。在1600年代早期，咖啡貿易已經開始途經義大利威尼斯，但當地直到1645年才開設了第一間咖啡館。英國倫敦的第一間咖啡館則是在1652年誕生，並因此譜出一段咖啡愛好者與此城市之間，長達百年的浪漫戀曲，倫敦的文化、藝術、貿易與政治等領域皆無疑受到咖啡啟發，之後更為倫敦留下綿長的影響。

在法國，咖啡飲用習慣的蔓延則受到時尚流行的影響。咖啡以獻禮的姿態贈送給路易十四（Louis XIV）宮廷，而咖啡受歡迎的程度便自此逐漸成長，飲用咖啡的習慣也漸漸延伸至巴黎。

另一座在1600年代掀起咖啡館風潮的城市，就是奧地利的維也納。傳說中，維也納第一間咖啡館藍瓶（Blue Bottle）當時所用的咖啡豆，正是鄂圖曼帝國（Ottomans）在1683年進攻維也納失敗後，

倉皇撤退所遺留下來。這則迷人的傳說很有可能並非真實；最近的研究認為維也納第一間咖啡館應是在1685年成立。

咖啡飲用習慣與咖啡文化拓展的關鍵之一，其實與茶息息相關。1773年，美國發生波士頓茶黨事件（Boston Tea Party），當時的美國殖民者抗議不列顛當局的壓迫，因此攻擊波士頓港（Boston Harbour）的商船，並將一箱箱的茶貨傾倒入海。這不僅是反抗大英帝國的重要事件，也是咖啡搖身一變成為美國愛國飲品的關鍵時刻。受歡迎程度的迅速成長，代表的就是迅速成長的市場，此後，美國對於咖啡產業的影響與日漸增。

隨著創新，不斷轉變

另一方面，美國也是咖啡關鍵技術的發展地，這些技術讓咖啡成為全球每戶人家都能享用的飲品。1900年，Hill Bros. 咖啡公司開始將咖啡裝入真空密封的罐頭裡。咖啡在零售貨架上的保鮮期限因此變長，也代表自家烘焙咖啡豆的需求變少，地區性的小型烘豆商的生存空間也隨之變小。

一年後，日裔化學家加藤サトリ（Satori Kato）為他的即溶咖啡製程申請專利。一直以來，加藤サトリ就是公認首度製作即溶咖啡之人，然而，近來發現發明即溶咖啡者另有其人，是由大衛·史創吉（David Strang）在1890年於紐西蘭發明。即溶咖啡的發明讓便利性提升至比品質更為重要的地位，不過它也讓咖啡更容易被更多人接觸，或價格更為廉宜。今日的即溶咖啡在全世界依舊相當受歡迎。

歐洲地區的創新關鍵則更專注於咖啡館的設備，而非家庭飲用。許多機器都號稱為史上第一臺濃縮咖啡機，但其實眾多運用相同原理的專利都在1884年之後提出申請。經常被視為濃縮咖啡機發明者的路易吉·貝澤拉（Luigi Bezzera），其專利則是在1901年提出申請。

這些機器讓咖啡館能夠在很短的時間內，製作出許多杯咖啡，而且每一杯咖啡都擁有相似的容量與濃度。濃縮咖啡機技術大幅進步的關鍵，就是使用大型彈簧以達到高壓的效果。這項技術的突破據

說是由阿希爾・賈吉亞（Achille Gaggia）在1945年完成，但賈吉亞的專利申請過程其實相當隱晦不明。這種以高壓沖煮製作出的濃縮咖啡與今日相同，也就是小小一杯濃度相當集中的咖啡，頂上漂浮著一層稱為克麗瑪（crema）的深褐色泡沫。

1950與1960年代，許多城市都經歷了一場濃縮咖啡吧熱潮，同時掀起了一波咖啡文化風潮。若是以技術層面而言，濃縮咖啡的沖煮技術如同咖啡館的完美工具，一臺機器便能迅速地做出一系列各式各樣的飲品。

今日的咖啡

想要討論現代咖啡文化，實在不可能不提咖啡品牌星巴克（Starbucks）。星巴克起源於美國西雅圖一間店鋪，其根基為咖啡豆的烘焙與販售，但這間公司在霍華・舒茲（Howard Schultz）的經營之下，逐漸形成一股我們今日目睹的全球現象。雖然

舒茲表示星巴克的緣起是受到某次義大利旅行而啟發，但義大利當地人在現代星巴克其實看不到義大利咖啡的影子。無庸置疑地，我們今日所見的精品咖啡發展，其成長茁壯之路正是由星巴克等類似企業鋪好。星巴克讓出門喝咖啡變得更流行，並提高了人們對一杯咖啡願意付出的代價。星巴克目前依舊擁有高度影響力，並且在新市場（如中國）擔任先驅角色。

現代精品咖啡專注於咖啡豆的產地，以及產地如何影響咖啡的風味。因此也進一步改變了咖啡的沖煮、販售與呈現方式。喝咖啡一事從僅僅只是一杯早晨的精神提振，轉變為自我展現、價值呈現或有意識的飲品。今日的咖啡，已經織入全球大量且彼此迥異的各式文化中。

下：今日，咖啡館能滿足所有味蕾，從含糖香甜飲料的大型市場，到濃郁奶香的咖啡風味飲品，再到單一莊園的精品手沖咖啡。

第二章：
從生豆到一杯咖啡的旅程

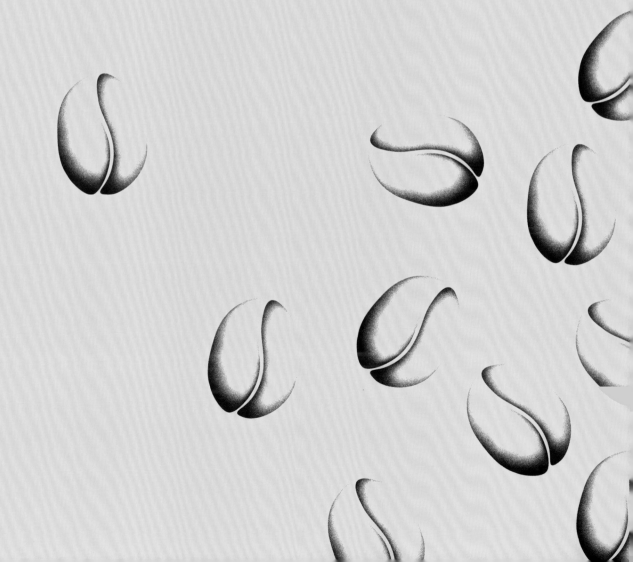

咖啡烘焙

在咖啡產業裡，烘豆是最吸引人的環節之一。咖啡生豆幾乎毫無風味可言，直接品嘗會有一股頗不討喜的蔬菜味，但經過烘焙後就轉變為難以置信地芳香又複雜的咖啡熟豆。新鮮烘焙的咖啡熟豆氣味會讓人精神為之一振，喝起來非常美味。本章內容主要介紹商業咖啡烘焙。關於在家烘豆的資訊，詳見第118～119頁。

關於品質相對較低的咖啡豆商用烘焙已有非常多研究，其中大多數是關於烘豆流程的效率以及如何製造即溶咖啡的方法。由於這些低品質咖啡較缺乏有趣的風味，關於如何發展出咖啡的甜味，或是保留來自特定風土條件或特定品種的獨特風味等方面的研究就很少了。

總的來說，全世界的精品咖啡烘豆商都靠自我訓練，其中許多人透過不斷嘗試與犯錯之中，學習到精品咖啡的精髓。不同的咖啡烘豆商有各自的風格、美學概念或烘焙哲學，十分清楚如何重現他們想要的咖啡品質，但是他們不見得了解烘豆的全貌，因此想要烘焙出不同的風格可能有困難。這並不代表美味又妥善烘焙的咖啡熟豆難以尋求：世上任何一個國家幾乎都可以找到這樣的咖啡，而且未來也必定能夠烘出更棒的咖啡豆，因為咖啡仍有許多值得探索與發展的烘豆技巧。

快或慢？ 淺或深？

簡而言之，咖啡的烘焙其實指的就是咖啡豆最後的顏色烘到多深（淺焙或深焙）？花了多久時間（快炒或慢炒）？輕描淡寫地說某種咖啡是淺焙其實是不夠的，因為這種咖啡可能是快炒，也可能是慢炒，不同的烘焙速度會有截然不同的風味表現，而咖啡豆的顏色看起來可能依舊十分相近。

咖啡烘焙時，會發生一連串不同的化學反應，其中許多反應會讓重量減少，當然也造成水分的流失。慢炒（14～20分鐘完成烘焙）會有較高的失重比（約16～18%），快炒最快可以在90秒內完成，對一杯相對較昂貴的咖啡而言，採用慢炒的方式會有更好的風味發展。

烘豆過程中，有三個影響最終風味的決定要素必須控制得當：酸味、甜味和苦味。一般而言，烘焙總時間越久，最後留下的酸味就越少，相反地，苦味則隨著越長的烘焙時間而越強，越深焙的咖啡會越苦。

甜味的發展是呈現曲線，介於酸味與苦味高峰的中間。好的咖啡烘豆商知道如何讓一支咖啡豆達到每個烘焙度裡最高的甜蜜點。但不論是使用讓酸甜程度皆強的烘法，或是另一種讓甜度極高、酸度卻相對較弱的烘法，如果使用的是品質差咖啡豆，調整烘焙手法可能也無濟於事。

次頁：烘豆過程會影響酸味、甜味及苦味的發展，烘豆師會仔細運用火候及時間分配等方法來控制，讓這三個要素達到平衡狀態。

不同的烘焙階段

烘豆時有許多關鍵階段，一支咖啡豆用多快的速度通過各個階段，即是一般所稱的烘焙模型（roast profile），許多烘豆者會仔細寫下各次烘焙紀錄，讓每一次烘焙能夠以極小的溫度與時間誤差值重現。

第一階段：去除水分

咖啡生豆含有 7～11% 的水分，均勻分布在整顆咖啡豆的緊密結構中。水分較多時，咖啡豆不會變成褐色，這就與料理時讓食物褐化的道理一樣。

將咖啡生豆倒入烘豆機之後，需要一些時間讓咖啡豆吸收足夠的熱量蒸發出多餘的水分，因此這個階段需要大量的熱能。開始的幾分鐘內，咖啡豆的外觀及氣味沒有什麼顯著變化。

第二階段：轉黃

將多餘的水分帶出咖啡豆後，褐化反應的第一階段就開始了。這個階段的咖啡豆結構仍然非常緊實，且帶有類似印度香米及烤麵包的香氣，很快地，咖啡豆會開始膨脹，表層的銀皮會開始脫落，被烘豆機的抽風裝置排到銀皮收集桶中，桶內的銀皮最後會清除，避免造成火災。

前兩個階段非常重要：假如咖啡生豆的水分沒有恰當地去除，往後的烘焙階段就無法達到均勻烘焙，即使咖啡豆的外表看起來沒事，內部也可能沒熟透，沖煮後的風味將十分不討喜，會有咖啡豆表面的苦味，以及豆芯未發展完全的尖銳酸味及青草味。過了這個階段之後，即使放慢烘焙的速度也難以挽救，因為同一顆豆子的不同部分會有不同的發展速率。

第三階段：第一爆

當褐化反應開始加速，咖啡豆內會開始產生大量氣體（大部分是二氧化碳）及水蒸氣，當內部的壓力增加太多時，咖啡豆會開始爆裂，發出清脆的聲響，同時膨脹將近兩倍。此時，我們熟知的咖啡風味就會開始發展，烘豆師可以自行選擇何時結束烘焙。

這個階段的整體溫度應是上升，但烘豆師偶爾會發現，即使在此時調高火力，溫度反而會有下降一些的現象，如果熱能過低，可能導致烘焙溫度停滯，造成咖啡風味呆鈍。

第四階段：風味發展

第一爆結束之後，咖啡豆表面會看起來較為平滑，但仍有少許皺褶，這個階段決定了最終咖啡上色的深度以及烘焙的實際深度，烘豆師須拿捏最後熟豆產品要呈現的酸味與苦味，烘得越久，苦味就越高。

第五階段：第二爆

到這個階段，咖啡豆會再次出現爆裂聲，不過聲音較細微且更密集，咖啡豆一旦烘焙到第二爆，內部的油脂容易被帶到豆表，大部分的酸味會消退並產生另一種新的風味，通常稱之為「烘焙味」。這種風味不會因為豆子種類不同而有差異，因為此風味來自炭化或焦化作用，而非內部固有的風味成分。

將咖啡烘得比第二爆階段更深是很危險的，有時可能導致火災，特別是在使用大型商用烘豆機時更是須要注意。

咖啡烘焙領域有「法式烘焙」及「義式烘焙」等烘焙深度，指的都是烘焙到非常深的咖啡豆，有典型的高濃郁度、高度苦味，但大多數豆子本身的個性會消失，即便許多人喜歡重度烘焙的咖啡風味，但如果想要認識來自不同產地高品質咖啡的風味以及個性，建議不要選擇重度烘焙的豆子。

生豆

含水率 10～12%，完全沒有任何風味，結構非常緊密、堅硬。

去除水分

水分開始蒸發，但尚未開始發展出風味及香氣。

轉黃

咖啡豆開始進入烘焙階段，此時豆子聞起來像印度香米。

轉黃

大部分的水分已去除，豆表開始呈現淺褐色。

轉黃

除了看起來偏褐色，此時的咖啡豆聞起來較像烤麵包，而較沒有咖啡味。

第一爆前

此時的咖啡豆呈現正褐色，但是嘗起來有尖銳的酸味與草本植物的風味。

第一爆

咖啡豆此時因為內部持續累積的氣體壓力，而開始爆裂並膨脹。

風味發展

此時的咖啡風味嘗起來較像咖啡了，但仍需要更多時間發展出甜味及其他理想的風味。

風味發展

此時的咖啡外觀看起來更平滑，香氣變得更討喜。

風味完全發展

一支咖啡豆烘焙到哪種程度取決於烘豆師的想法，對許多烘豆師而言，這個階段通常已經是風味完全發展的階段了，不過仍有少數烘豆師會再烘得更深些。

ETUDES
Prises dans le bas Peuple
ou
les Cris de Paris
Cinquieme Suitte
1746
Avec Priv du Roy
Entie chez Fessard rue de la Harpe vis a vis la rue serpente.

Boucharden inv.

Caffé Caffé

Gravé à l'eau-forte par C. S. et terminé au burin par Et.Fessard.

咖啡內的糖

許多人在描述咖啡風味時會提到甜味，理解烘焙時到底發生了哪些事才會產生這些天然糖分是十分重要的。

咖啡生豆內含一定程度的糖，雖然並非所有的糖類都有甜味，但這些單純的糖通常都帶甜味，在咖啡烘焙的溫度催化下很容易起反應。一旦咖啡豆內的水分大部分都蒸發掉之後，糖類就會與熱開始產生許多不同的反應，有些會起焦糖化作用，造成某些咖啡豆出現焦糖調性。須特別一提的是，這些焦糖化作用後的糖類甜度會降低，最終可能再度轉變成為苦味的來源之一；另外，有些糖類會與咖啡豆內的蛋白質作用，進行所謂的梅納反應（Maillard reactions），這種反應包括肉類在烤箱內轉變成褐色的現象，以及烘焙可可豆或咖啡豆時的變色現象。

當咖啡完全通過第一爆的階段時，單純的糖幾乎完全不存在了，它們可能都參與了各式化合物反應，最後轉變成更多不同的咖啡芳香化合物。

咖啡內的酸

咖啡豆內有許多種類的酸味，有些嘗起來討喜，有些則不美味。對烘豆師而言最重要的一種酸是綠原酸（chlorogenic acids, CGAs），烘焙咖啡時，關鍵目標之一就是完全去除不美味的酸，同時避免製造出更多負面的風味因子，保留最多討喜的芳香成分。另外，有些酸在烘焙完成之後仍然保持穩定的狀態，例如奎寧酸（quinic acid），它會增添討喜且乾淨的咖啡風味質感。

咖啡內的芳香化合物

大多數咖啡內的香氣來自咖啡烘焙時的三大反應群：梅納反應、焦糖化反應，以及史特烈卡降解反應（Strecker degradation，另一種與胺基酸有關的反應）。這些反應群都在咖啡烘焙時受熱催化，最後產生超過八百種不同的易揮發芳香化合物（aromatic compound），這就是咖啡風味的來源。

雖然關於咖啡的芳香化合物種類的紀錄比起葡萄酒多出許多，但是單一支咖啡豆僅會擁有部分芳香化合物，這讓許多想以人工方式合成近似新鮮烘焙真實咖啡香氣的嘗試者，最後只能以失敗作收。

烘焙模式圖解

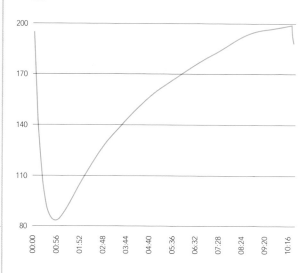

■ 攝氏（℃）

上：烘豆師在烘焙咖啡時，會追蹤不同時間點的溫度變化，藉由控制升溫的快慢達到改變最後咖啡豆風味表現的目標。

冷卻咖啡豆

烘焙完成之後，必須快速將咖啡豆冷卻，以免過度烘焙或讓咖啡豆發展出負面的風味，如焙烤味（baked），在小批次的烘豆機中，會使用冷卻盤進行抽風降溫；大批次的烘豆機則無法單單靠空氣冷卻咖啡豆，必須搭配霧化的水汽，水汽遇熱蒸發後就能快速帶走熱能。操作得宜時，不會導致負面的風味；但如果操作不慎，咖啡豆老化的速度會略微加快。不幸地，許多公司操作這種冷卻方式時都加了過多水霧，因為他們想藉由增加熟豆的重量以增加收入，這種作法不但不道德，也會對咖啡的品質產生非常不好的影響。

前頁：咖啡小販為咖啡迷人香氣奔走了數世紀，就如這幅十八世紀由凱呂斯（Anne Claude Comte de Caylus）所刻的巴黎街頭小販。

咖啡豆在即將販售前才會進行烘焙,因為生豆的狀態比熟豆穩定,而烘焙後熟豆的
最佳賞味期則是一個月內。烘豆方法有很多,最常使用的咖啡烘豆機則有兩種:鼓
式烘豆機(drum roasters,或滾筒式烘豆機),以及熱風式(hot-air)或浮風床式
(fluidbed)烘豆機。

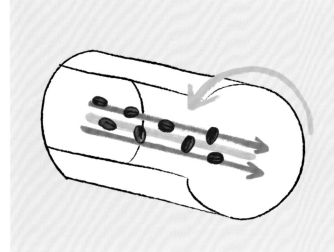

鼓式烘豆機(滾筒式烘豆機)

此為大約在二十世紀初發明的烘豆機形式,
十分受到追求工藝極致的烘豆師歡迎,因為
這種烘豆機可以緩慢地烘焙咖啡豆。原理主
要是將一具金屬製滾筒放置在火源上加熱,
同時不停翻轉滾筒內的咖啡豆,目的是得到
均勻的烘焙成果。

這種烘豆機可以透過控制瓦斯流量改變施熱
的火力強弱,也可以控制滾筒內部的空氣流
動量,藉此控制傳導到咖啡豆的熱能效率。

鼓式烘豆機有許多不同尺寸,最巨大的機型
一次可以烘焙500公斤(約1,100磅)的咖啡
豆。

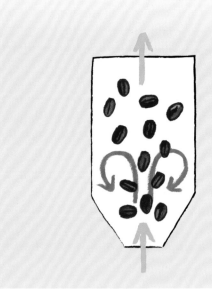

浮風床式烘豆機(熱風式烘豆機)

1970年代由麥克・席維茲(Michael Sivetz)
發明。浮風床式烘豆機靠著許多噴射式熱氣
流翻攪並加熱咖啡豆,比起鼓式烘豆機,浮
風床式烘豆機的烘焙總時間相對短許多,因
此烘焙的咖啡豆會膨脹得大一點點。較大的
氣流量有助讓熱力更快速地傳導至咖啡豆內
部,因此可以較快速完成烘焙。

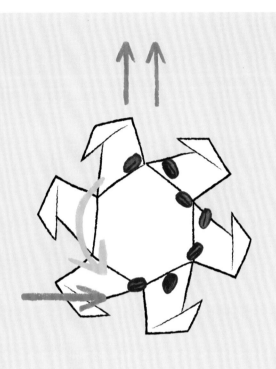

切線式烘豆機

切線式烘豆機（tangential roasters）非常近似鼓式烘豆機，差別只在這種烘豆機內部具備鏟子般的攪拌葉片，咖啡豆在加熱期間能均勻混合，較大量的烘焙批次因此變得更有效率。這種烘豆機最大烘豆量也跟鼓式烘豆機差不多，但速度能更快。此種機型由Probat公司製造。

球式離心力烘豆機

球式離心力烘豆機（centrifugal roasters）的結構能在難以置信的短時間內烘焙非常大量的咖啡豆。咖啡豆會置入球形鍋內一個巨大的圓錐體容器裡，在加熱的同時，藉由不停滾動球形鍋，咖啡豆也會持續翻滾變換位置，最快可以在90秒完成一個批次的烘焙。

烘焙速度越快，失重比就越小，能被萃取的咖啡豆重量就增加了，這對製造即溶咖啡的業者十分重要，但以這麼快的速度完成烘焙，通常不是為了烘出最棒的品質。

採購與保存咖啡豆

沒有任何萬全的措施能確保每次選購一包咖啡豆時，一定可以得到很棒的咖啡品質，但依舊有幾個重點請牢記：何時烘焙出爐？去哪家店買？如何保存買回家的豆子？如此一來就能提高每次都能享用到好咖啡的機率。

大多數人會在超市之類的地方選購咖啡豆，但建議請盡量避免，因為超市販賣的咖啡豆除了有新鮮度的疑慮之外，尚有許多其他應該避免的理由（詳見第64頁）。

其中最重要的理由大概就是超市裡找不到專賣店所能帶來的獨特且純粹的喜悅，在一家小小的咖啡店裡，你可能有機會遇見對咖啡有高度熱忱，並且擁有豐富咖啡知識的人士，在選擇想要的咖啡豆之前，能得到一些專業建議是很有幫助的，有時在掏腰包購買之前，甚至有機會先試喝。有專業人士提供服務，買到一包真正喜歡的咖啡豆機率會更高，尤其是你還可以向對方說自己喜歡哪一種咖啡豆。

濃郁度指標

在超市選購咖啡豆時，常可看見包裝袋側面有濃郁度指標（strength guide），這與濃度（沖泡一杯咖啡須用多少咖啡豆）無關，主要是指可以在這包咖啡豆嘗到多厚重的苦味。濃郁度指標通常與烘焙深度有比較直接的關聯，淺烘焙咖啡的濃郁度指標通常較低，深烘焙的則較高。我會盡量避免選擇包裝有濃郁度指標的咖啡豆，因為它們通常是由較不注重品質與風味表現的烘豆商製造，不過依舊有些例外。

產地履歷（來源可追溯性）

世上有成千上萬的咖啡烘豆商，也有難以計數的咖啡豆莊園與烘焙方式，每一包咖啡都有不同的定價，廠商各自的行銷方式也容易造成混淆。本書的目標是闡釋咖啡從何而來，同時帶領讀者了解產地與咖啡風味之間，如何及為何有關聯，我能給的最佳解答就是：請盡可能選購來源資料清楚的咖啡豆。

大多數情況下，都可以找到咖啡豆是由哪座莊園或哪間合作社所製作，但並非每個咖啡產國都能提供如此詳盡的產地履歷。在不同產國裡，咖啡豆交易的每個環節都有程度不一的來源可追溯性。在

上：最棒的一杯咖啡來自精挑細選過的咖啡豆。到咖啡專賣店裡選購新鮮烘焙的咖啡豆，店員應該能告知咖啡豆的產地資訊。

拉丁美洲，絕大多數都能提供到細如莊園名稱一般詳盡的產地履歷資料，因為這些咖啡豆都是在小規模私有土地種植；在其他區域，即使是小規模的私有土地都很不常見，有時也會因為某些國家貿易規則限制的干擾，造成咖啡豆在出口時就已經失去若干的履歷資訊。

　　維持一個批次咖啡豆整條供應鏈的完整產地履歷資訊，會增加成本，因此僅能以較高售價回收。這意味只有高品質咖啡才值得投資產地履歷系統，因為增加的成本會削弱低品質咖啡在市場上的競爭力。在一個到處都有道德考量又充斥著剝削開發中世界國家刻板印象的產業中，能夠明確知道一支咖啡豆到底從何而來就是非常有力的資訊。拜資訊科技發展所賜，尤其是社群媒體的興起，現在已經能夠看到更多咖啡生產者與末端消費者之間更密切且頻繁的互動。

新鮮咖啡的黃金法則

所有人都認同新鮮烘焙的咖啡比較好，以下是我的建議：

1. 選購包裝有標示烘焙日期的咖啡豆。
2. 試著只買烘焙後兩週內的咖啡豆。
3. 一次只買兩週內能喝完的量。
4. 只買未研磨的原豆回家自己磨。

在家儲存咖啡豆

一旦咖啡豆開始老化就很難停止，只要購買的是新鮮的咖啡豆，並且以相對較快的速度用完，對杯中風味的衝擊就比較小。以下有幾種方法可以讓你盡可能在家裡做到最妥善的保存：

1. **與空氣隔絕**：假如包裝袋可以重複封口，請在每次使用後確實重新封緊。假如沒辦法完全密封，請重新裝入與空氣隔絕的容器，像密封罐或特別設計用來存放咖啡的容器。

2. **存放在陰涼處**：光線會加速老化，特別是太陽光，如果將咖啡存放在透明容器內，就要將整個容器放到不透光的硬紙盒內。

3. **不要放進冰箱**：這是一般人常做的舉動，卻不能延長咖啡豆的壽命，而且有可能讓咖啡豆沾染冰箱其他食物的氣味。

4. **保持乾燥**：如果無法讓咖啡豆保存在與空氣隔絕的容器內，至少也要放在不潮濕的環境。

想要長時間保存咖啡豆，可以考慮放進冷凍庫，這會延緩老化作用，但必須先將整個包裝放進與空氣隔絕的密封容器內。再度使用這份咖啡豆時，必須在打開密封容器之前徹底解凍，但一次只須解凍需要的使用量。

上：咖啡豆存放在與空氣隔絕的容器裡，擺在乾燥陰涼的環境下，可以保存最久。

新鮮度

在過去，大多數人並不將咖啡豆當做生鮮食品般保存，有些人是因為腦子裡的咖啡種類就只有即溶咖啡，因此不曾意識到咖啡老化的問題。超市販售的咖啡豆包裝標示的有效期限通常是烘焙日期後12～24個月內，因為咖啡豆被認為是耐儲放的食物產品，即使在製造日期後的兩年內飲用都算安全，但是如果真的存放那麼久，咖啡就會嘗起來十分恐怖。此外，對販賣者而言，不將咖啡豆當做生鮮食品看待，可以讓工作更輕鬆，但這對消費者卻不是好消息。

精品咖啡產業並沒有為此觀念帶來足夠的影響，因為產業內對於咖啡走味的速度多快，以及咖啡的最佳賞味時間，還沒有一致且強而有力的共識。

我建議各位在購買咖啡時，請認明包裝有清楚的烘焙日期。許多咖啡烘豆商建議消費者購買烘焙日期算起一個月內的咖啡豆，我也建議如此。咖啡豆在烘焙後的前幾週擁有最鮮活的個性，十分不討喜的老化味道之後就會開始發展，許多咖啡專賣店都會存放一些剛烘焙好的咖啡豆，想確保咖啡豆送到你家時還是新鮮狀態，你也可以嘗試直接向咖啡烘豆商網路訂購。

老化作用

咖啡豆老化時會發生兩種現象：首先會緩慢且不斷流失芳香化合物成分，芳香化合物是咖啡的香氣與風味的來源，具備高度揮發性，因此咖啡豆放得越久，化合物就會流失越多，咖啡嘗起來就越不有趣。

第二種現象是氧化及受潮的老化現象，這類現象會發展出通常不太好的新味道，一旦咖啡嘗起來有明顯的老化味道時，原有的個性很有可能都已經消失。老化的咖啡通常嘗起來很平淡，帶有木頭及紙板味。

咖啡豆烘焙得越深，老化速度就越快，因為烘焙時咖啡豆會產生很多小孔，氧分子與濕氣就會比較容易滲透進咖啡豆，同時啟動了老化作用。

「休眠」

在包裝袋上，常可看到製造者建議在正式沖煮之前要讓咖啡豆「休眠」一段時間，但是，這種建議讓消費者頭頂又冒出了更多問號。

咖啡豆完成烘焙後轉變成褐色的一連串化學反應，會製造出大量二氧化碳，大多數氣體會留存於咖啡豆內部，並隨時間緩慢地釋出。烘焙後最初幾天的排氣作用會非常旺盛，之後再趨緩。在咖啡粉上倒入熱水也會讓豆內的氣體快速釋放，這也是為什麼煮咖啡時我們可以見到許多小泡泡。

義式咖啡是用高壓萃取的方式沖煮，當咖啡豆裡仍然有許多二氧化碳時，會讓沖煮程序產生困難，因為二氧化碳會阻隔風味成分的萃取。許多咖啡館會在使用咖啡豆之前，讓咖啡排氣5～20天不等，如此一來便有助於萃取時的穩定性。

在家沖煮時，建議可以在包裝袋故意留下一個洞，放個3～4天，但如果放太久就有可能在這包咖啡用完之前開始老化。濾泡式沖煮法比較不需要讓咖啡豆休眠，但是我依舊認為在烘焙後的第二到三天再沖煮，嘗起來會比剛烘完美味許多。

包裝

咖啡烘豆商主要有三種包裝咖啡豆的選擇，考量因素包括保存咖啡的能力、對環境的影響、成本考量，以及包裝的美觀性等等，以上都是重點。

未密封精緻包裝袋

咖啡豆僅裝進內層有防油脂滲漏的精緻紙袋中，雖然袋口可以捲起來，但是咖啡豆仍然暴露在氧化的環境下，老化速度還是很快，許多使用這種包裝袋的咖啡烘豆商都宣稱咖啡豆新鮮的重要性，通常會建議自己的產品在7～10天內飲用完畢。零售咖啡豆產品時，必須時常確認架上的商品都是最新鮮的，但有時難以避免浪費。這類包裝袋有些可以回收，對環境的影響最低。

密封鋁箔包裝袋

三層式鋁箔包裝袋在咖啡豆裝入之後會立刻密封，防止空氣進入，同時有個單向透氣閥讓內部的

透氣閥

上：三層式鋁箔袋在精品咖啡產業最常用，在包裝打開之前，能減緩老化作用。

二氧化碳可以排出。在這樣的包裝袋內咖啡較不會老化，然而一旦打開，老化的速度也會加快。目前這種包裝袋尚無法回收，卻是許多精品咖啡業者的首選，因為同時兼顧低成本、低環境影響與新鮮度的維持。

充氣式密封鋁箔包裝

與前者同樣是鋁箔材質，不同的是密封過程會用機器灌進氮氣之類的氣體，藉以排除袋內所有氧氣。因為氧氣是造成老化的主因，這種包裝方式能夠達到防止老化的最佳效果，雖然開袋之後老化程序一樣會啟動。

這是保存咖啡豆最有效的辦法，但由於會增加額外的成本支出，如設備、處理時間以及惰性氣體等都會造成支出，所以較少人採用。

咖啡的品嘗和風味描述

飲用咖啡是我們每天的重要儀式，每天早晨做的第一件事就是喝杯咖啡，工作休息時間也要來一杯，此時我們的注意力也許會投注在聊天的同伴身上，或專注於報紙內容，很少有人真正會專注於品嘗咖啡的味道。但是，一旦開始注意到咖啡的風味，人們就會很快進入賞析的階段。

所謂品嘗發生在兩個地方，一是我們的口腔，另一是鼻腔，想要學習品嘗與討論咖啡，最好將這兩部分切分開來。第一部分要討論的是舌頭可以感受到的基本味覺：酸、甜、苦、鹹與鮮味（savouriness），讀到關於一種咖啡的描述時，我們可能會被描述風味的方式所吸引，如巧克力味、莓果味或焦糖味，這些風味指的通常是氣味，並不發生在口腔內，而是在鼻腔。

大多數人常會搞混嗅覺與味覺的經驗，因為真的要將味覺及嗅覺分開來看，的確極度困難。相較於把這麼極端複雜的品嘗經驗一次搞懂，試著長時間的專注在嗅覺或味覺上的感受，事情就變簡單多了。

專業品嘗家

在一包咖啡豆抵達末端消費者之前，它在旅程中已經被品鑑過許多次，每一次品鑑裡，品嘗家可能會尋找各自喜好的風味，首先他們會在早期階段尋找瑕疵風味，之後的採購階段會由烘豆師進行品

品嘗要點

咖啡品嘗家會將品嘗紀錄寫在一張計分表上，不同的生豆後製處理法會使用不同的格式，但不論是哪種格式，下列的給分項目都一樣：

甜味

這支咖啡豆有多少甜味？這是咖啡十分討喜的特點之一，當然越多越好。

酸味

這支咖啡豆有多少酸味？酸味討喜嗎？假如酸味不討喜的成分居多，就會被形容為臭酸（sour），討喜的酸味則嘗起來有爽快、清鮮的感覺。

對咖啡品鑑初學者而言，酸味是較難的項目，他們可能從未預料過咖啡裡有那麼多種酸味，當然可能也從不認為酸味是個正面的風味項目。蘋果是個不錯的範例，蘋果的酸味非常美好，因為可以增加清新的質感。

許多專業人士偏好高酸度咖啡，就像啤酒愛好者可能最後都會偏好啤酒花特性明顯的啤酒，這可能導致從業人員與末端消費者之間的認知差異。就咖啡產業來說，一些較不尋常的風味像是水果調性，其來源取決於咖啡豆本身的密度高低，一般而言高密度的咖啡有高酸度，同時也有許多有趣的風味。

口感

這支咖啡是否有清淡、細緻、茶般的口感？或是有豐厚、鮮奶油般、厚實的特質？再次強調，不是每樣特質都是越多越好，低品質的咖啡豆時常有厚實的口感，同時也有較低的酸度，但通常都很難喝。

均衡

這是品鑑時最難以定義的特質，一口咖啡汁液會出現非常多種不同的風味，但是這些風味是否和諧？是否像一首完美的樂曲？還是裡面有某個元素太過突出？是否有某項特質太過強烈？

風味

這個項目不只描述一支咖啡裡的各種風味及香氣，品評者是否喜歡這杯咖啡的表現也要列入參考。許多初學品評者在這方面時常感到挫折，他們品嘗到的每一款咖啡豆顯然都不一樣，卻無法使用足夠的詞彙形容。

前頁：咖啡的風味受到產地條件、後製處理方式及烘焙的影響，造就了各自不同的獨特個性。

下：專業的品嘗家會使用如下方的計分表，對品鑑的咖啡各項特質給分。

NAME ______________ # ____ DATE __________ Rnd 1 2 3 Sn 1 2 3 4 5 TLB# ____ Country ______________

	ROAST COLOUR	AROMA DRY CRUST BREAK 3 3 3 2 2 2 1 1 1	DEFECTS # x i x 4 = score	CLEAN CUP 0 4 6 7 8	SWEET 0 4 6 7 8	ACIDITY 0 4 6 7 8	MOUTH FEEL 0 4 6 7 8	FLAVOUR 0 4 6 7 8	AFTER TASTE 0 4 6 7 8	BALANCE 0 4 6 7 8	OVERALL 0 4 6 7 8	TOTAL (+36)
1.												
2.												
3.												
4.												
5.												

鑑，有時一批咖啡也可能會在拍賣會品鑑並被評選為最佳批次。之後，為了確保烘焙品質無虞，會由烘豆師再次品鑑，確保烘豆過程一切都正確運行。再來則由咖啡館老闆品鑑，挑選決定進貨的名單。最後輪到末端消費者品嘗與享受。

咖啡產業使用的標準品鑑方式稱為「杯測」（cupping），背後最大的用意是避免沖煮過程中失誤可能造成的風味差異，並且盡可能讓所有咖啡都在相同的條件下接受品評。為了這個目的，杯測僅使用非常簡單的沖煮流程，因為假如沖煮失敗，一支咖啡的風味有可能遭受戲劇性的改變。

使用固定分量的咖啡粉，倒入每個杯測碗中，咖啡粉以相同的研磨刻度磨出，然後將固定分量的且剛剛煮到沸騰的熱水倒入杯測碗裡。舉例來說，12公克的咖啡粉，必須加入200毫升的熱水，然後繼續浸泡約4分鐘。

上：一包咖啡豆在抵達消費者手中之前，專業品嘗家會將咖啡進行分級或排名，烘豆師及咖啡館老闆也會進行品鑑，以確認風味與控制品質。

杯測的最後步驟中，會攪散漂浮在杯測碗中的咖啡粉層（crust），讓大部分已經萃取完成的咖啡粉沉到杯測碗底部，任何漂浮在表面的咖啡粉或泡沫會撈除，之後便可以開始品鑑咖啡。

當咖啡汁液冷卻到安全的溫度時，品鑑就開始了。咖啡品嘗師會使用一支湯匙撈起一小分汁液，用力從湯匙將咖啡汁液啜吸入口腔，啜吸的動作會造成咖啡汁液霧化，讓咖啡汁液布滿上顎，這樣的動作雖然不是絕對必要，但可讓品嘗變得相對簡單。

相較於一般消費者，專業咖啡品嘗家是如何用這麼快速的方式自我訓練？其實他們並不是透過杯測碗或杯測匙做訓練，平常也不會使用計分表，也不一定有關於每一支咖啡豆的詳細資料。自我訓練是透過日常的比較式品評機會建立的，藉由不斷專注且有意識的品鑑過程，讓咖啡品鑑師增加了一項隱性優勢。而且即使在家裡也可以輕鬆地獨自練習。

1. 選購兩款非常不同的咖啡豆，請教在地的咖啡烘豆商或咖啡專賣店是個好方法。比較式品評是極度重要的方法，假如一次只品鑑一種咖啡，就沒有任何比較依據，所有論述都只能依靠先前片段、有缺陷且不準確的品嘗記憶。

2. 購買兩支小號的法式濾壓壺（詳見第78頁），越小越好，同時沖泡兩小杯咖啡。當然也可以用較大支的法式濾壓壺與大杯子，但會造成浪費或喝過量。

3. 讓咖啡汁液稍稍冷卻，在較低的溫度下比較容易察覺風味，味蕾在溫度很高時比較遲鈍。

4. 開始交互品嘗兩種咖啡，在品鑑單一支咖啡時，至少要重複兩次以上的啜吸，之後才品鑑下一支。開始思考兩支咖啡之間嘗起來有何不同，假如缺乏參考資料，這個步驟會極端艱困。

5. 首先專注在質感上，比較兩支咖啡的風味與口感，其中一支是否有著較高的厚實感？甜味較多？有較乾淨的酸味？品鑑時，試著不要看包裝袋上的風味描述，自己想像一些風味詞彙並記錄下來。

6. 不用擔心到底喝到了哪些味道，風味描述是咖啡品鑑最嚇人、最令人感到挫折的部分。烘豆師在描述風味時，不只會形容風味，如堅果味（nutty）或花香（floral），也會使用涵蓋很廣泛的感官詞語，例如成熟的蘋果調性，這種形容方式代表感受到甜味與酸味同時存在。假如你具備指認出各別風味的能力，就將這些味道記錄下來；反之，也不用過度操心，任何想到可以用來描述風味的字詞其實都派得上用場（不論是否與味道有關）。

7. 結束品鑑時，比較一下你的筆記與包裝袋上烘豆商描述的風味，現在你是否看得懂他們嘗試表達的味道了？到了此時，你先前的挫折感通常會一併消失，一切瞬間都變得如此明白，這個方式其實就是建立咖啡專業風味詞彙的方法之一，咖啡風味的描述也將變得越來越簡單，不過咖啡產業人士也還在持續努力讓風味描述變得更完整。

下：咖啡品鑑技巧可以透過比較式品鑑自我訓練，選擇兩種不同的咖啡進行沖泡，之後試著比較質地、口味、酸度及風味。

咖啡的研磨

新鮮研磨的咖啡粉氣味令人精神抖擻、教人陶醉又難以形容，有時單單為了聞咖啡粉的氣味就值得買一具磨豆機。相對於購買預先研磨好的咖啡粉，在家研磨咖啡豆可是會為喝咖啡一事帶來巨大改變！

　　研磨咖啡的目的，是要讓咖啡豆在沖煮之前產生足夠的表面積，以便萃取出封存於咖啡豆內的成分，進而煮出一杯好咖啡。拿未研磨的原豆沖煮，得到的會是一杯非常稀薄的咖啡水，咖啡豆磨得越細，理論上就會有更大的表面積，可以用更快的速度煮出咖啡的味道，因為水有更多的機會帶出咖啡的風味因子。

　　這個原則很重要，尤其當必須決定要替不同沖煮方式決定咖啡粉要磨多細時。事實上，咖啡粉的粗細與沖煮時間長短彼此相應，研磨顆粒的一致性因此十分重要。最後，研磨會讓咖啡暴露在空氣中的表面積增加，表示咖啡的老化作用會加快（詳見第64頁），因此最理想的研磨時機就是沖煮前的那一刻。這裡為各位介紹兩種主要的家用磨豆機類型：

螺旋槳式刀片研磨機

　　這種電動研磨機十分常見，價格也不貴，機器構造是在電動馬達上連接一組金屬刀片，藉由旋轉力量擊碎咖啡豆。這種研磨機的最大問題，就是擊碎咖啡豆的過程會同時產生極細粉末與極粗顆粒，用這樣的咖啡粉沖泡時，最粗的顆粒會貢獻不討喜的臭酸味，極細的粉末則會快速增加咖啡的苦味，如此不均勻萃取的咖啡，實在難以下嚥。

臼式磨豆機

　　這種形式的磨豆機越來越常見，同時有電動及手動的版本，臼式磨豆機有兩個面對面的切割盤（burr，又稱為磨盤），藉由調整切割盤的間距可以達到調整研磨粗細的目的；在咖啡切割盤符合適當間距大小時，咖啡粉才能通過研磨室。這種磨豆機研磨的咖啡粉顆粒均勻度較佳，同時因為粗細可以調整，對煮一杯好咖啡相當有幫助。

　　臼式磨豆機比螺旋槳刀片研磨機貴一些，不過手動版則相對便宜也很容易操作。如果你很喜歡咖啡，會發現這項投資完全無法以價格衡量，特別是想要做一杯義式濃縮咖啡時。由於沖煮義式濃縮咖啡時顆粒大小十分重要，即使是數百分之一公釐的粗細差異都會造成影響，選購一具特別為義式濃縮咖啡設計的專用磨豆機相當重要，它的強力馬達足以磨出沖煮義式濃縮咖啡所需的極細顆粒。有些

上：左圖為螺旋槳式刀片研磨機磨出的咖啡粉，顆粒較不均勻，煮出的咖啡較不美味；右圖為臼式磨豆機，通常有兩個切割盤，可以煮出較美味的咖啡。

磨豆機可以同時研磨濾泡式咖啡粉與義式濃縮咖啡粉，不過大部分的機器只能應付其中一種。

　　不同的機器製造商會使用不同材質製造的切割盤，如鋼或陶瓷。使用一段時間後的磨盤會變鈍，此時磨豆機不是以切割的方式磨豆子，而是像在壓碾，這會製造出許多極細粉末，讓咖啡嘗起來乏味又苦澀。請遵循機器製造商的建議，在指定的時間

更換磨盤，全新的磨盤是很小卻很值得的投資。

　　許多咖啡愛好者常常會想為自己的咖啡設備升級，我強烈建議優先升級磨豆機，較高價的磨豆機通常有較佳的馬達及磨盤，能夠製造出一致性更棒的研磨顆粒。使用一具高階磨豆機搭配一具小型家用義式濃縮咖啡機，就可以煮出一杯更好的咖啡；使用廉價的磨豆機，即使搭配市面最頂級的商用義式濃縮咖啡機也煮不出好咖啡。

密度與研磨粗細

　　很不幸地，磨豆機並不能將咖啡豆都磨成一模一樣的大小，深烘焙的咖啡豆質地比較脆，因此必須將刻度調粗一些。

　　同樣地，要研磨較高海拔的咖啡豆，舉例來說從平常習慣飲用的巴西咖啡豆轉換到肯亞豆時，可能就必須把研磨刻度調細。只要照此方式調整過幾次，每當換成不同的咖啡豆時，就能輕鬆猜出該怎麼調整刻度，同時避免煮壞咖啡。

研磨粗細

找到對應的研磨粗細不是一件簡單的任務，單單使用「粗」（coarse）、「中等」（medium）、「細」（fine）等詞彙並沒有多大幫助，因為這都是相對的，不同的機器製造商對研磨粗細有不同的設定，因此將其中一個型號的磨豆機設定在5號粗細度時，在另一具機器上不見得會磨出相同的粗細，即使是同一型號也一

樣。各位可以從下圖看見不同研磨程度的實際咖啡粉顆粒照片，只要每個早晨多做點實驗，很快應該就可以煮出比以前好喝許多的咖啡了。

極細　　　　細　　　　中等　　　　粗

沖煮用水

要煮出一杯好咖啡，沖煮用水扮演至關重要的角色。也許你會覺得下方建議有些過頭，但對水有多一點的認識，將會帶來相當大的回報。

如果你住在水質偏硬的區域，可以試著購買小瓶裝礦泉水煮單杯咖啡，接著用相同的方式以自來水沖煮另一杯。不管是經驗豐富的咖啡品嘗家或初學者，只要比較過兩者，幾乎都會對咖啡品質的差異感到驚訝。

水的角色

一杯咖啡中，水是重要的成分，義式濃縮咖啡的水占了大約90%，濾泡式咖啡則占了約98.5%，假如用來沖泡咖啡的水一開始就不美味，咖啡也絕對不可能好喝。假如能在水裡嘗出氯的味道，煮出來的咖啡味道也會很恐怖。多數情況下，只要使用含有活性碳的濾水器（如Brita），就可以有效去除負面的味道，但可能還不能算是沖煮咖啡最完美的水質。

在沖煮過程中，水扮演著溶劑的角色，負責萃取出咖啡粉內的風味成分，因為水的硬度與礦物質含量會影響咖啡的萃取效率，所以水質相當重要。

硬度

水的硬度是水中含有多少水垢（碳酸鈣）的數值，成因來自當地的岩床結構，將水加熱會讓水垢由水中透析而出，長時間下來，粉筆般的白色物質就開始堆積。硬水質地區的住戶時常會有這類困擾，像是熱水壺、蓮蓬頭還有洗碗機，都會堆積水垢。

水的硬度對熱水與咖啡粉之間的交互作用有極大影響，硬水會改變咖啡粉內可溶出物質的比例，換言之，硬水會從根本的化學層次改變咖啡的沖煮。理想的水中含有少量的硬度，但如果含量過高甚或極高，就不適合泡咖啡，高硬度的水泡出的咖啡缺乏層次感、甜味及複雜性。此外，就實用的角度而言，任何一種必須將水加熱的咖啡機，像是濾泡式咖啡機或義式濃縮咖啡機，軟水都是很重要的條件之一，因為機器內堆積的水垢很快就會造成機器故障，因此許多製造商會選擇保固服務不包含因使用硬水而造成的故障。

右：用來沖泡咖啡的水質會影響味道，礦泉水很適合泡咖啡，過濾後的水則會改善咖啡的風味。

礦物質含量

水除了好喝且只能有少量硬度，我們其實也不希望水裡含有其他太多的東西，除了含量相對很低的礦物質。礦泉水製造商會在瓶上列出不同的礦物質成分含量，通常也會提供水中總固體含量（total dissolved solids, TDS），或是在攝氏180度時乾燥殘留物的數值。

完美的水質

下方表格為美國精品咖啡協會（Specialty Coffee Association of America, SCAA）提供的沖煮咖啡完美水質的建議。

想了解自家區域的水質狀態，可以尋求濾水設備公司的協助或上網搜尋資料，多數濾水設備公司都必須在網路公布他們的水質資料。如果找不到這樣的資訊，也可以去寵物店買一組水質檢驗工具（通常用於檢測水族箱水質），應該足以提供判讀所需之關鍵元素的精確數值。

水要如何選擇

前述各項資訊也許令人頭昏眼花，但是可以歸納如下：

- 假如居住在水質為中度偏軟的區域，只須加上濾水器就可以改善水的味道。
- 假如居住在水質偏硬的區域，目前最佳解決方式是購買瓶裝飲用水煮咖啡，依照前述標準選購瓶裝水，超市的自有品牌瓶裝水通常比大品牌的礦物質含量較低。我不能在書中替瓶裝水品牌打廣告，只能建議為了煮出咖啡最好的風味，必須找到最適合沖煮的水質。

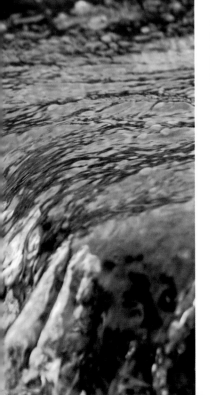

沖煮咖啡的完美水質條件

	目標值	可接受範圍
氣味	乾淨、清新、無氣味	
色澤	清澈	
氯總含量	0 mg/l	0 mg/l
水中固體總含量（攝氏180度）	150 mg/l	75～250 mg/l
硬度	4顆結晶或68 mg/l	1～5顆結晶或17～85 mg/l
鹼總含量	40 mg/l	約40 mg/l
酸鹼值	7	6.5～7.5
鈉含量	10 mg/l	約10 mg/l

沖煮基礎知識

從作物轉變為一杯咖啡的旅程中，最關鍵的時刻就是沖煮過程。之前的所有努力、咖啡豆內所有潛力與美味因子，都可能因為錯誤的沖煮方式毀於一旦。遺憾的是，要煮壞一杯咖啡真的很簡單，但只要了解沖煮的基本原則，你就可以得到更好的結果，也更能樂在其中。

咖啡豆主要成分是纖維素，跟木頭很像。纖維素不溶於水，它們就是我們沖泡完咖啡之後會丟棄的咖啡渣。廣義來說，除了纖維素以外的咖啡內容物幾乎都可溶於水，最終都進入你手中的那杯咖啡，但是並非所有可溶出物質都是美味的。1960年代起，為了測量我們到底應該萃取多少比例的內容物才能得到一杯好咖啡，許多人持續做了相關研究，假如萃出的物質不夠，咖啡不但味道稀薄且常帶有臭酸與澀感，我們稱為「萃取不足」（underextraction）；反之，萃出的物質過多則會帶苦、尖銳，並且有灰燼的味道，我們稱為「過度萃取」（overextraction）。

要計算出想從咖啡粉萃取出多少內容物是有可能的，過去人們會用一個相對簡單的方式計算：沖煮前先秤咖啡粉的重量，沖煮後將咖啡渣放到爐火旁烘到完全乾燥再秤一次，兩者的重量差就代表咖啡萃取出的成分比例。現在有人發明結合特殊的折射器與智慧型手機的軟體，可以很快計算出咖啡粉內成分萃取的比例。總的來說，一杯好咖啡是由咖啡粉內大約18～22%的成分所貢獻，實際的數字對大多數在家煮咖啡的人來說其實不那麼重要，但

是了解如何調整不同的沖煮參數，對改善咖啡品質很有幫助。

濃郁度

在談論一杯咖啡時，「濃郁度」一詞非常重要，同時也最常誤用。超市販賣的咖啡包裝袋上時常可以見到這個詞彙，其實這樣的使用不太恰當，這些廠商想傳達的是這包咖啡的烘焙度，以及泡出的咖啡苦味有多強。

「濃郁度」一詞用在描述咖啡風味時，理應像描述酒精類飲品，例如一瓶標示4%的啤酒，指的就是酒精濃度為4%，以相同的概念來看，一杯濃郁的咖啡應該指的是含有較高比例的可溶出物質。

到底咖啡要多濃郁才叫好，這方面見仁見智，沒有對錯。有兩種方式可以控制咖啡的濃郁度，第一種是最常採用的方式，也就是改變水與粉的比例，使用越多的咖啡粉沖煮就會得到越高的濃郁度，在咖啡沖煮的領域裡，我們習慣用每公升水使用多少公克的咖啡粉來描述咖啡的濃郁度，例如60公克／公升（g/l），這表示當你想使用500毫升的水沖煮咖啡時，需要的咖啡粉量為30公克。

不同地方有不一樣的咖啡水粉比例偏好，從大約40 g/l到巴西與斯堪地那維亞半島的100 g/l都有，多數人通常在找到一個自己喜愛的水粉比例之後，就會套用在其他不同的沖煮方式上，建議各位可以從60 g/l的水粉比例開始嘗試。在家沖泡咖啡

前頁：如何在家煮出一杯好咖啡因人而異，但其中有一項不可不知的重要因素：水與咖啡粉的比例。

的人想改變咖啡口味的濃淡時，通常會直接改變水粉比例，但這並不是最好的方式。

另一種改變口味濃淡的方法是改變萃取率。把咖啡粉浸泡在法式濾壓壺裡時，熱水會將咖啡粉中的成分慢慢帶出來，隨著浸泡時間變長，咖啡就變得更濃郁。這個方式最大的挑戰是如何煮出更多咖啡粉內的好味道，並且在苦味及不討喜的風味萃出之前收手。許多人從來沒有想過泡出一杯不好喝的咖啡時，可以靠變換萃取率達到改善，然而萃取一旦有失誤，必然會導致一杯令人失望的咖啡。

精確的測量標準

在咖啡沖煮的領域中，常會因為一個小小的改變就對風味口感造成很大的影響，其中最大的變因之一就是使用了多少水（詳見第75頁），最重要的要素之一則是如何穩定沖出好味道。將咖啡沖煮器放在秤子上測量是個好主意，如此可以清楚知道倒入了多少熱水，要記得1毫升（ml）的水重量等於1公克（g），這個方式可以讓你在沖泡時有更好的控制性，並大大改善沖泡的品質及穩定性。一組簡單

的數位電子秤並不貴，許多人家中廚房本來就會有一具電子秤，剛開始可能會覺得這方式似乎有點太狂熱，但一旦開始使用，就再也離不開它了。

牛奶？鮮奶油？糖？

許多對咖啡有興趣的人都會注意到，咖啡產業工作者視牛奶和砂糖為一種禁忌。許多人認為這種行為故作內行，而加不加奶或糖常常是咖啡從業人員與消費者之間的爭論話題。

咖啡從業人員時常忘記一件事，大部分的咖啡其實會在搭配某些東西後更容易入口。不當烘焙或煮壞的廉價商業咖啡，嘗起來有令人難以想像的苦並且毫無甜味可言，牛奶或鮮奶油具有阻隔苦味的功能，砂糖則令咖啡更容易入口，許多人因此習慣咖啡裡有牛奶及砂糖的味道，即使在拿到一杯仔細沖泡的有趣咖啡時亦然。這個舉動可能會導致吧臺手、職業烘豆師或一名單純熱愛咖啡的人感到挫敗。

好咖啡應有來自本身的甜味，牛奶能阻隔苦味，卻也會搶走咖啡的風味與個性，掩蓋了咖啡生產者辛勞的結晶，以及微風土條件產生的咖啡個性。建議各位在加入任何糖或奶之前先嘗嘗原味，假使黑咖啡狀態的風味令你難以入口，再進一步加入牛奶或砂糖。想探究咖啡的美好世界，必須從飲用黑咖啡開始，否則難以理解咖啡世界的美好。將時間及精力投資在學習如何欣賞咖啡之美，必能令你得到極大的回報。

左：一臺數位電子秤對想泡出穩定好咖啡的人而言是相當值得的投資。

次頁：好咖啡應有來自本身的甜味，雖然加不加糖或奶是每個人各自的喜好，但最好還是先嘗一嘗咖啡本身的味道。

法式濾壓壺

法式濾壓壺（French press），又稱為咖啡用壺（cafetière）或咖啡活塞壺（coffee plunger），這種沖煮咖啡方式或許是最被低估的煮法之一，它便宜且操作簡單，並且很容易煮出很穩定的一杯咖啡，每個人家裡幾乎都會有一支。

　　雖然稱為「法式」濾壓壺，但令人訝異的是，最為人熟知的法式濾壓壺版本是1929年由一名義大利人安提利歐‧卡利馬尼（Attilio Calimani）發明並取得專利。不過，早在1852年類似的沖煮器材便由兩名法國人取得專利，他們是馬耶（Mayer）與德爾福格（Delforge）。

　　法式濾壓壺是一種浸泡式器材，大部分的沖煮方式是讓水流通過咖啡粉，法式濾壓壺則是讓咖啡粉與水浸泡在一起，進而達到更具一致性的萃取。

　　法式濾壓壺的另一個獨到之處，是使用金屬濾網過濾掉咖啡粉。金屬濾網有相對較大的孔徑，咖啡中許多不可溶物質會留存在咖啡液裡，這樣的咖啡有較多的咖啡油脂，以及一些懸浮的細粉渣，嘗起來更厚重、口感更紮實。缺點則是杯底會有為數不少的淤泥般細粉渣，不小心喝進口裡會有很不討喜的沙沙顆粒感。

　　次頁介紹的沖煮方式，是專門為沖泡一杯最少量的細粉渣所設計的法式濾壓咖啡煮法，只需要多一點動作和較多耐心，就會得到一杯很棒的咖啡，輕鬆帶領你認識咖啡所有獨特的風味及個性。

右：使用法式濾壓壺沖煮咖啡可以得到較均勻的萃取，金屬濾網讓較小的顆粒保留在咖啡液裡與水繼續接觸，進而泡出一杯具有飽滿紮實口感的咖啡。

法式濾壓壺沖煮

水粉比例：75 g/l。想得到近似於手沖咖啡般的濃郁度，建議各位使用比一般水粉比例更高的比例沖泡。

研磨粗細：中號（medium）或細砂糖般的粗細（詳見第71頁）。許多人使用法式濾壓壺時都把咖啡磨得很粗，但我不建議如此，除非你使用的磨豆機會製造非常多極細粉末，咖啡會因此很快地變苦。

1. 咖啡豆秤重，開始沖泡前才研磨。

2. 使用適合沖泡咖啡的低礦物質含量之新鮮飲用水，煮沸。

3. 將研磨後的咖啡粉倒入法式濾壓壺，整壺放在秤上。（**A**）

4. 倒入正確分量的熱水，倒水時仔細觀察秤上的重量數字，直到達到75 g/l的水粉比例，盡量用較快的速度倒水，讓所有的咖啡粉快速變濕。

5. 咖啡粉與熱水浸泡4分鐘，這段時間裡咖啡粉會浮在表面形成一層咖啡粉層。

6. 4分鐘過後，使用一支大湯匙攪散咖啡粉層，這會讓大部分的咖啡粉沉入壺底。

7. 此時，仍然會有細小的泡沫伴隨著些許懸浮咖啡粉留在液面上，使用大湯匙撈除並丟棄。（**B**）

8. 繼續等待5分鐘，反正此時咖啡很燙口。等待期間會有更多咖啡粉及細粉末沉到壺底。

9. 放入金屬活塞，但是不要壓下。壓下的動作會產生渦流，會使得原本沉在底部的細粉渣再次攪動上來。

10. 緩慢地透過金屬濾網將咖啡液倒出到杯中，快倒完時咖啡液中會有少許細粉渣，假如你可以接受剩下一點點咖啡液的狀態，就能得到一杯美味又充滿風味的咖啡，同時還不帶渣。（**C**）

11. 靜置一會兒，讓咖啡在杯中冷卻，然後就可以開始享用。

許多人建議完成浸泡時要將所有咖啡液都倒完，避免讓咖啡粉繼續浸泡導致過度萃取。如果依照上述方式製作咖啡，就應該不會增加負面的風味，因此我認為沒有必要一定要把咖啡液全部倒出。

手沖或
濾泡式咖啡

「手沖」一詞可用來形容很多種沖煮方法，最常見的就是過濾式煮法。這種方式就是讓熱水通過一層咖啡粉，在途中將咖啡粉的風味萃取出來，通常還會使用某些材質過濾咖啡粉，可能是紙或布，甚至是很細的金屬網。

簡易式杯上過濾器，可能自有咖啡沖煮歷史以來就已開始使用，但相關發明卻在較晚時才出現。一開始使用的是材質為布料的過濾器，1908年才由一位德國企業家梅莉塔・班茲（Melitta Bentz）發明紙質過濾器。今日的Melitta集團由其孫輩執掌，仍然販賣紙製過濾器（濾紙）、咖啡豆及咖啡機。

濾紙的發明幫助人們遠離了摩卡壺式的過濾式咖啡，這種方式煮出的咖啡非常糟糕，帶有令人難以想像的強烈苦味。摩卡壺式沖泡法在下一個主要創新科技問世時敲響喪鐘，那便是另一家德國公司Wigomat推出的電動式濾泡咖啡機。類似的電動濾泡式咖啡機有許多不同版本，直到今日還十分受歡迎，雖然並不是所有機種都能煮出好咖啡（詳見第85頁）。

目前市面上許多系列的沖煮器材和品牌，都是為了做同一件事，也各有不同的優點及愚蠢之處。往好處看，這種沖泡法背後的原理舉世通用，而不同的沖煮器材使用的沖煮技巧，也都能夠輕易調整。

關鍵原理

使用濾泡式沖煮法有三項變因會影響咖啡的風味，很不幸地，這三項變因無法獨立視之，這正是為什麼要精確測量咖啡粉分量及水量，特別是一早起床雙眼朦朧之際，要做的第一件事是泡咖啡時。

1. **研磨粗細：**磨得越細，熱水通過咖啡粉時就會萃取得越多，因為越細的咖啡粉表面積越大，水通

手沖壺

使用手沖法沖泡咖啡時，給水的速率在整個流程中扮演關鍵角色，使用標準的水壺很難達到讓水柱緩慢且穩定的目的。近來因為一種特製的手沖壺（pouring kettle）問世，咖啡館因此有了戲劇性變化，這種手沖壺通常可以放在火爐上加熱，現在也有電熱式型號。它有很窄的出水口，水柱可以非常緩慢又穩定地流出。

雖然目前手沖壺十分受歡迎，但我認為對在家沖泡咖啡者而言，這並非真正值得投資的用品。手沖壺的確讓注水的動作變得簡單許多，但假如操作不當，壺內的水溫會下降，使得咖啡無法煮出該有的味道。事實上，手沖壺可視為一種過度謹慎且複雜的道具，因為我們不過是想讓注水的動作放慢。如果在不同的時間用不同的注水速率沖泡咖啡（這是一件非常容易做到的事），那麼每天的咖啡都會喝起來大不相同，這可不是一件好事。

過的速度也越慢，因此整體接觸時間會增加。

2. **接觸時間**：指的不只是水通過咖啡粉層的速度多快，還包括要等多久才再次注水。我們可以藉由緩慢地給水達到延長沖煮時間的目的，以提升咖啡的萃取率。

3. **咖啡粉量**：使用越多咖啡粉，熱水就會花更多時間通過咖啡粉層，也會有更長的接觸時間。

　　為了重現一杯很棒的咖啡風味，這三項變因必須盡可能地固定。舉例來說，假如不小心減少了咖啡粉量，可能會讓人誤認為這杯咖啡是因為研磨粗細錯誤而造成沖煮時間太短。一不留意，我們就有可能感到十分混淆與困惑，並且一直泡出不好喝的咖啡。

粉層膨脹

　　一開始沖煮時，我們通常會注入一些熱水，分量恰好足以濕潤所有咖啡粉。注入熱水時，咖啡粉會開始釋放二氧化碳，咖啡粉層則會像發酵麵團一樣膨脹起來。通常我們會等上30秒，再注入剩下的熱水。

　　雖然手沖法受到如此廣泛採用，卻沒有什麼科學理論可以合理解釋，有可能是釋放了某種程度的二氧化碳讓咖啡中的風味更容易萃出，這一點似乎與某些研究不謀而合。我個人認為觀看粉層膨脹的現象還帶點催眠作用，也讓我們在早晨的咖啡儀式中增添一絲愜意。

上：製作手沖咖啡時，通常在沖泡一開始只會注入少量熱水，讓咖啡粉膨脹。

上：手沖咖啡的濃郁度會因為研磨粗細、接觸時間及水流速度而有所不同。

水粉比例：60 g/l。建議所有手沖式及濾泡式沖煮法都從此比例開始嘗試，但請記得多做點實驗，找出自己最喜歡的水粉比例。

研磨粗細：中號（medium）或細砂糖般的粗細（詳見第71頁），適用於30克的咖啡搭配500公克的水。要沖煮單杯分量請再研磨得更細；反之，要煮更多分量時請磨粗一些。

1. 咖啡豆秤重，開始沖泡前才研磨。

2. 使用適合沖泡咖啡且低礦物質含量之新鮮飲用水，煮沸。

3. 當水壺持續加熱時，把濾紙放入濾杯並用少許熱水先將濾紙淋濕，這有助於減少紙的味道融入咖啡，同時也可以提升濾杯的溫度。

4. 將咖啡粉倒入濾紙中，濾杯放在下壺或杯子上方，再把整個沖煮器材組置於電子秤上。（A）

5. 若用熱水壺直接沖泡，請在水煮滾之後等待約10秒鐘再開始沖泡；若使用手沖壺沖泡，請立刻將熱水倒入手沖壺。

6. 搭配電子秤進行沖煮，注入大約是咖啡粉兩倍的熱水，水量不必太精確，只要確認熱水是否足以浸濕所有咖啡粉即可。我喜歡將濾杯拿起來轉一轉，以此確認所有咖啡粉都浸濕了。也可以用湯匙小心攪拌咖啡粉層。進行下一次注水之前請等待30秒。（B）

7. 緩緩將剩餘的熱水注入咖啡粉層，注水的同時要注意電子秤上的重量，並留意先前注入過的水量。將水往咖啡粉層的中間注入，試著不要往濾杯邊緣注入，以免熱水沒有通過咖啡粉層就直接流往下壺。（C）

8. 加入足量的熱水之後，此時咖啡液面高度大約低於濾杯邊緣2～3公分，用湯匙輕輕攪拌粉層，讓黏附在濾紙的咖啡細粉脫落。（D）

9. 讓濾杯中的水持續滴漏，直到看起來沒什麼水，濾杯中的咖啡粉層此時看起來應該相對平坦。（E）

10. 將濾紙及咖啡渣丟棄，把濾杯拿開，你就可以開始享用咖啡。

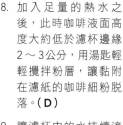
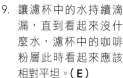

假如不滿意沖出來的咖啡品質，請先仔細思考想改變什麼參數。建議可以先從改變研磨粗細開始嘗試，假如咖啡嘗起來較苦，可能是過度萃取，下次沖泡時就把研磨刻度改成粗一點；假如嘗起來淡、尖酸或澀口，下次試著磨細一些。很快地，就會找到最適合自己的研磨粗細設定。

各式過濾材質

手沖式或濾泡式咖啡煮法有三種主要的過濾材質，不同的材質會讓咖啡液帶有不同的咖啡風味。

金屬濾網

就像是法式濾壓壺，金屬濾網只會過濾掉比較大型的粉粒。咖啡液會留有些許咖啡細粉，因此咖啡液較不清澈，帶點霧狀感。咖啡口感也因為這些懸浮物與油脂，而較為厚重，許多人十分享受這種口感。只要時常清洗金屬濾網並保持乾淨，通常都可以使用好幾年。若是未保持金屬濾網的清潔，可能會因為油脂的殘留，而讓咖啡沾染變質的味道。

濾布

濾布做為過濾咖啡的材質已有一段很長的歷史。就像濾紙，濾布會去除所有的懸浮物質，但會讓一部分的咖啡油脂通過，沖泡出的咖啡清澈，卻有著更完整且豐厚的口感。

濾布設計為可重複使用，每次使用完後都要立刻沖洗乾淨，並盡快弄乾。如果濾布的乾燥速度過慢，濾布就會產生怪味，有點像衣物擺在洗衣機內太久而有的難聞氣味。如果使用頻繁，可以將濾布浸泡在一杯乾淨的水裡，並放在冰箱內保存；如果不使用濾布的時間長一點，可以在濾布還是濕潤狀態裝入密封袋內，並放進冷凍庫保存。不過，經過多次的冷凍及解凍，濾布的纖維會老化較快，所以請盡量減少冷凍保存的機會。

濾布最好不要有太多殘留物在上面，並且必須頻繁的清潔，建議可以使用Urnex品牌的Cafiza清潔粉，雖然此清潔粉主要用在清洗義式咖啡機，但是早期濾紙尚未發明前，其配方原本就是設計用來清洗大型濾布。使用方式是將一小湯匙的清潔粉溶解於煮滾的熱水中，同時浸泡須清洗的濾布，之後再把濾布沖洗乾淨，最後再保存。

濾紙

濾紙是最常見的過濾材質，沖出的咖啡口感最乾淨。濾紙會去除所有懸浮物質，也把咖啡油脂成分阻擋住。最後的咖啡色澤清澈，通常是帶點暗紅色調。建議使用已漂白的濾紙，因為未漂白的濾紙帶有較不討喜的紙味。

金屬濾網

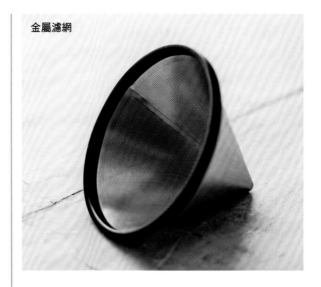

濾布

濾紙

電動式濾泡咖啡機

電動式濾泡咖啡機最大的優點，就是省去很多猜測的工夫，並且提升了許多重現性，但仍須維持穩定的咖啡粉量，並注意替機器加入固定分量的冷水。撇開這兩點不談，剩下的都可以放心信任這部機器。

不過，大部分的家用電動式濾泡咖啡機（尤其是廉價的機種），常常會煮出難喝的咖啡。主要是因為廉價機種沒辦法將水加熱到正確的溫度。想

買一部濾泡咖啡機時，請先確認它可以達到適當的沖煮溫度。美國精品咖啡協會及歐洲咖啡沖煮中心（European Coffee Brewing Centre）之類的組織都會替機器認證，強烈推薦各位購買經過這兩個組織認證的沖煮機器。

我也會盡量避免購買有保溫墊的機器，將一壺咖啡放在保溫墊上保溫，會很快地把咖啡的風味都煮光，導致一些不討喜的風味出現。你可以選擇有雙層真空保溫壺的機種。大多電動式濾泡咖啡機在沖煮大量咖啡時表現最好，因此，我會建議多數這類機器一次的沖煮分量最少為500毫升，保溫時間也最好不要超過半小時。

電動式濾泡咖啡機沖煮

水粉比例：60 g/l。建議所有手沖式及濾泡式咖啡的沖煮法都用這個水粉比例開始嘗試，但請記得多做點實驗找到自己最喜歡的水粉比例。

研磨粗細：中號（medium）或細砂糖般的粗細（詳見第71頁），假如一次須沖泡500毫升到1公升的咖啡，研磨刻度就要放粗一些，許多機種的一次沖泡分量都可以達到1公升以上。

1. 咖啡豆秤重，開始沖泡前才研磨。
2. 將濾紙放進濾杯中，開啟熱水鍵將濾紙淋濕。
3. 將濾杯推回機器內的位置，倒入適合沖泡咖啡且低礦物質含量的新鮮飲用水。
4. 打開電源。沖泡流程開始時必須隨時留意，只要有一部分的咖啡粉沒有濕潤，就用湯匙盡快攪拌。
5. 等待沖煮結束。
6. 將咖啡渣及濾紙丟棄。
7. 享用咖啡。

與手沖咖啡一樣，利用改變研磨粗細的方式來調整咖啡風味口感是較佳的方式。

　從生豆到一杯咖啡的旅程

愛樂壓

愛樂壓（Aeroperss）是頗不尋常的咖啡沖煮器材，但是我至今還沒有遇過任何用過它卻沒有愛上它的人。愛樂壓在2005年由艾倫‧阿德勒（Alan Adler）發明，他同時也發明了Aerobie飛盤，所以把這具沖煮器材命名為Aeropress。愛樂壓兼具便宜、耐用且攜帶方便，許多咖啡從業人員四處旅遊時都會攜帶愛樂壓。此外，愛樂壓的清洗也十分方便。

　　愛樂壓有趣的地方在於它結合了兩種不同的沖煮方式，一開始它先讓熱水和咖啡粉一起浸泡，就像法式濾壓壺，但是到了要完成沖泡的階段時，就使用活塞的方式將咖啡液透過濾紙推擠出來，這又有點像義式濃縮咖啡機及濾泡式咖啡機的原理。

　　相較於其他沖煮器材，可以用在愛樂壓的配方及沖煮技巧族繁不及備載，甚至還有一場每年都會舉辦的比賽就為了找出最棒的沖煮技巧，這個比賽起始於挪威，現在已經成長為國際型賽事：世界愛樂壓大賽（World Aeropress Championships）。每年賽後，主辦單位都會在官方網站（www.worldaeropresschampionship.com）公布前三名的配方及技巧，讓人們有機會見識愛樂壓的可變性有多高。

　　但是，若說愛樂壓也能拿來製作義式濃縮咖啡或類似的飲品，我可不這麼認為，也許你可以用愛樂壓製作出很小杯卻很濃郁的咖啡，但人類用手推活塞的力量其實無法達到義式濃縮咖啡機般的高壓。

　　以下介紹兩種主要的愛樂壓操作方式：

水粉比例及研磨粗細

　　在愛樂壓的沖泡中，研磨粗細、沖泡時間與使用水量之間的關係格外重要，要達到最佳的沖泡效果，必須先決定想喝多大杯的咖啡：

- 想要一杯小杯又濃郁的咖啡，建議使用100 g/l的水粉比例。想沖得快一點，就必須採用相對較細的研磨刻度；如果選擇較粗的研磨刻度，就要延長沖泡時間才能達到好的效果。
- 想要一杯接近家常咖啡的飲品，建議使用與法式濾壓壺一樣的75 g/l水粉比例，因為此時用的是浸泡式沖泡法。再次強調，你可以自行決定怎麼搭配沖泡時間及研磨粗細。

左：愛樂壓就像一種介於義式濃縮咖啡機及濾泡式咖啡機之間的手動沖煮器材：使用像是活塞的結構，將咖啡液透過濾紙推出。

傳統愛樂壓沖煮法

傳統沖煮法可以沖煮出較多的咖啡，相對單純，也比較不會把廚房搞得一團糟。

因為愛樂壓有許多變因可以把玩，很容易讓人想要一次改變許多種參數。例如，用較大的推力加快沖泡速度，此做法會煮出更多咖啡的風味成分；延長浸泡時間或使用較細的研磨刻度，也會讓萃取率提高。但是，最好一次只改變一項變因，越多次的實驗也代表有更多機會嘗試不同又有趣的咖啡風味。

1. 咖啡豆秤重，開始沖泡前才研磨。

2. 在過濾器上放入一張濾紙，並將過濾器與沖煮器本體鎖上。

3. 倒入少許熱水，替沖煮器本體預熱，同時淋濕濾紙。

4. 在電子秤上放一個馬克杯，將沖煮器本體架在馬克杯上，之後倒入咖啡粉。（**A**）

5. 煮一壺適合沖泡咖啡且低礦物質含量的新鮮飲用水。

6. 熱水煮沸後等候 10 ～ 20 秒，打開電子秤電源倒入設定好的水量（舉例來說，我會使用 15 克咖啡粉加入 200 毫升熱水），啟動計時器。（**B**）

7. 快速攪拌咖啡粉，然後把愛樂壓活塞裝置就定位，確認活塞與沖煮器本體密合無縫，但還不要向下推。讓沖煮器內維持類似真空的狀態，而咖啡液不會從本體底下滲漏。（**C**）

8. 經過一段時間的浸泡（建議先從 1 分鐘開始嘗試），將馬克杯及

沖煮器本體一起拿下電子秤，緩緩壓下活塞，直到所有咖啡液都推出為止。（**D**）

9. 丟棄咖啡渣時，將活塞往回拉 2 ～ 3 公分，以防止繼續滴漏。拆開過濾器，拿著沖煮器本體對準廚餘桶，將活塞往下推讓咖啡渣掉落，用手輕拍，讓還沒掉落的咖啡渣掉下，然後立刻沖洗沖煮器本體及活塞底部。（**E**）

10. 享用咖啡。

反轉愛樂壓沖煮法

會為各位介紹這種做法主要是因為許多人喜歡使用此方法，但常常做錯。建議剛開始學習愛樂壓時以傳統沖煮法較佳，但如果喜愛實驗，就看看接下來如何安全操作反轉沖煮法。

反轉沖煮法的概念是將整個愛樂壓顛倒過來操作，如此一來，咖啡液就不會在浸泡階段滴漏出來，推下活塞並擠出咖啡液之前，必須在頂端蓋上一只杯子，這就是大家常出錯的地方，因為翻轉愛樂壓時，沖煮器本體內裝滿了很燙的液體，這個動作必須謹慎。此外，也要特別注意反轉煮法製作出的咖啡液比較少，最多只會煮出200毫升。

1. 咖啡豆秤重，開始沖泡前才研磨。

2. 在過濾器上放一張濾紙，並將過濾器與沖煮器本體鎖上。

3. 倒入少許熱水，替沖煮器本體預熱，同時淋濕濾紙後，卸下過濾器。

4. 將活塞推入沖煮器本體約2公分處，並將沖煮器顛倒放在電子秤上，倒入咖啡粉。（**A**）

5. 煮一壺適合沖泡咖啡且低礦物質含量的新鮮飲用水。

6. 熱水煮沸之後等候10～20秒，打開電源倒入設定好的水量（舉例來說，我會使用15克咖啡粉加入200毫升熱水），啟動計時器。（**B**）

7. 開啟計時器並快速攪拌咖啡粉，浸泡約1分鐘。

8. 等待咖啡浸泡的時間裡，將沖煮器移開電子秤，把帶著濾紙的過濾器鎖上沖煮器本體，如果有先淋濕濾紙，它應該會黏在過濾器上。

9. 緩緩將沖煮器本體的頂端往下拉，直到液體表面快接近過濾器的地方，這會讓活塞更穩定地固定在沖煮器本體上，翻轉過程較不會彈開。（**C**）

10. 浸泡到接近結束的時間，在愛樂壓頂端杯口朝下放一只馬克杯，一隻手頂著馬克杯，另一隻手握住沖煮器本體，小心地翻轉。（**D**、**E**）

11. 緩緩將活塞往下推，直到所有咖啡液都推進馬克杯。（**F**）

12. 如第88頁，將愛樂壓內的咖啡渣倒出並清洗沖煮器。

13. 享用咖啡。

爐上式摩卡壺

許多人家裡都有一支摩卡壺，不論是一直有在使用或深埋在廚櫃中。就許多方面來說，我其實很掙扎要不要說明摩卡壺的普及程度，因為摩卡壺並不是對使用者友善的一種沖煮器具，要煮出好咖啡也不容易。摩卡壺常常會煮出非常濃郁且非常苦的咖啡，但是對義大利的義式濃縮咖啡飲用者而言還算能接受。在義大利，幾乎家家戶戶都用摩卡壺煮咖啡。

摩卡壺的專利屬於1933年的發明者阿方索・比亞樂堤（Alfonso Bialetti）。直到今天，Bialetti公司仍持續製造這些十分受歡迎的沖煮器具。摩卡壺的材質仍然多是鋁製的（幾年前大家或許聽過一些關於鋁製品的謠言），雖然大多數人希望可以買到不鏽鋼材質。

底下介紹的摩卡壺操作方式，與大多數人使用的方式有點不同，但是此方法很可能也會讓即使已經很滿意自己煮出的咖啡的人都覺得受用。我個人對摩卡壺最不能接受的一點，就是它會讓熱水的溫度達到太高，因而萃取出非常苦的化合物，有些人也許特別喜愛這種苦味，但也有人就是因為這樣而痛恨摩卡壺，底下介紹的沖泡技巧，可以幫助人們對這個長久以來被遺忘的沖煮器材，重新找回值得尊敬的原因，並用另一個角度來享用摩卡壺咖啡。

但是因為摩卡壺的高水粉比例，以及相對較短的沖泡時間，要用來泡淺烘焙、密度較高，或是酸味及果香特別好的一些咖啡，仍然有其困難度。建議使用義式濃縮咖啡烘焙程度較淺的咖啡豆，或使用來自海拔略低的咖啡豆，我會避免使用深度烘焙的咖啡豆，因為摩卡壺本來就容易煮出苦味。

左：為了煮出一杯好的摩卡壺咖啡，請選擇較淺的義式濃縮咖啡烘焙度，或是略低海拔的咖啡豆來沖煮，這樣可以避免煮出苦味過強的咖啡。

水粉比例：200 g/l。多數情況下，其實沒辦法真正控制水粉比例，只能把過濾器用咖啡粉填滿，然後將水倒入底座未達洩壓閥的水位，因此實際上沒有多少空間可以改變沖泡品質。

研磨粗細：細研磨或精鹽般粗細（詳見第71頁）。我不建議使用義式濃縮咖啡般的細研磨刻度，但這是許多人爭論的議題，我比較偏好略粗一些，因為希望咖啡中的苦味能減到最低。

A

1. 開始沖泡前才研磨。將咖啡粉填入濾器內並將粉整平，不要填壓。

2. 煮一壺適合沖泡咖啡且低礦物質含量的新鮮飲用水。使用熱水的優勢，就是摩卡壺在火爐上加熱的時間較短，同時咖啡粉不會被熱壞，即可減低苦味的強度。

B

3. 在摩卡壺底座倒入熱水，達到洩壓閥底下的水位即可，千萬不要讓水超過洩壓閥，這是一種安全裝置，會讓底座過多的壓力排出。（**A**）

4. 將裝滿咖啡粉的濾器就位，請先確認圓型橡膠墊圈完全乾淨，之後小心地組合整個摩卡壺，如果上下座沒有完全密合，沖煮流程就無法順利進行。（**B**）

C

5. 將摩卡壺放上火爐，開中小火，維持上方蓋子開啟的狀態，當下座的熱水開始沸騰，蒸氣產生的壓力會將熱水由中間的空心管往上推到咖啡粉層的位置，火力越大壓力就會越大，也會越快完成沖煮流程，不過也不宜太快。（**C**）

D

6. 你應該會在摩卡壺上座看到咖啡緩慢地冒出來，仔細聽，當聽到一陣咕嚕音時，就該把火關掉並停止繼續沖煮。這陣咕嚕音代表大部分的水都已上升，同時開始有蒸氣通過咖啡粉層，那會使得更多苦味產生。

7. 可以用水龍頭的冷水沖摩卡壺底座以停止沖煮，此時水蒸氣會凝結，讓內部的壓力消失。（**D**）

8. 享用你的咖啡。

在將摩卡壺拆開清潔之前，請確認已冷卻到安全的溫度範圍。清潔完成後必須確認各部位都是乾燥的，存放時也不要把所有結構鎖上，這樣會讓橡膠墊圈更快老化。

虹吸式咖啡壺

虹吸式咖啡壺（vacuum coffee pot）是一種非常古老卻越來越受歡迎、具有娛樂效果的沖煮方式，但是在許多方面也很令人困擾，同時造成不少挫折感，最後甚至會讓人想把虹吸式咖啡壺塞回櫥櫃裡或變成展示架上的裝飾品。

1830年代，虹吸式咖啡壺首見於德國，專利是由一位法國女士珍妮‧理查（Jeanne Richard）在1838年取得。今日虹吸壺的設計和以前相去不遠，分為上座及下座兩部分，下座裝的是水，同時直接加熱到沸騰；上座裝的是咖啡粉，會插在下壺上面。兩者之間非常密合，才能讓下座的蒸氣累積足夠的壓力，將熱水透過玻璃管往上推到上座，到了上座之後，水溫會降到沸點以下，溫度恰好適合煮

咖啡。在上座的熱水與咖啡互相浸泡一段時間時，很重要是下座必須持續加熱。

要結束沖煮時，將熱源移開虹吸壺底座，當蒸氣冷卻後，就會凝結回液態水，形成類似真空的狀態，將上座的咖啡液透過過濾器及玻璃管吸回下座，煮完的咖啡渣會留在上座與咖啡液分離，咖啡可以直接由下座倒出。整個沖煮流程就是個引人入勝的物理現象，在教室裡做實驗時，拿虹吸壺演練一次，通常會獲得不錯的迴響。然而不幸的是，虹吸壺沖煮法難度非常高，以致大多數人無法正確地操作，試過一、兩次後便放棄了，這真的很可惜。

附加工具

虹吸式咖啡壺的沖煮需要一個獨立的熱源，有些虹吸式咖啡壺的設計可以直接放在火爐上加熱，有些用酒精燈加熱，酒精燈最好是用小瓦斯燈取代。在日本及某些專業的咖啡館裡，會使用鹵素燈當做熱源，鹵素燈並不是最有效率的熱源，卻能讓整個沖煮過程更炫目。

有些人會使用竹製攪拌棒攪拌咖啡粉，但這沒什麼特別的，因為一根湯匙也可以達到同樣的目的，雖然我也不否認進行沖泡儀式時，使用一些專用工具可以增加樂趣，但也不會宣稱這些工具會對咖啡品質有任何影響。

過濾器

大多數傳統的虹吸式咖啡壺使用濾布當做過濾器，這塊濾布綁在一片金屬片上。保持濾布的清潔很重要，每次使用過後都請盡量將濾布清洗得越乾淨越好，你可以使用熱水清潔，假如有數天不會用到濾布，就用適當的清潔劑清洗。如須了解更多相關的濾布清潔及保存方式，詳見第84頁。除了濾布，還有其他代用品，像是濾紙或金屬濾網，但都必須使用特殊的固定裝置。

左：虹吸式咖啡壺是一種較誇張的浸泡式沖煮法，下座產生的蒸氣會將熱水推往上座與咖啡粉浸泡，沖煮好的咖啡液會再度流回下座。

水粉比例：75 g/l。有些人傾向用多一點咖啡粉沖泡虹吸式咖啡，尤其是廣泛使用虹吸式沖煮法的日本。

研磨粗細：中號（medium）或細砂糖般粗細（詳見第71頁），虹吸式咖啡壺是一種浸泡式煮法，你可以自行搭配沖煮時間與研磨刻度。提醒各位，磨得太細會導致咖啡液回吸的速度變緩慢；假設使用非常粗的研磨刻度，就必須在較高水溫中停留較久，這會讓咖啡嘗起來較苦。

1. 咖啡豆秤重，開始沖泡前才研磨。

2. 煮一壺適合沖泡咖啡且低礦物質含量的新鮮飲用水。

3. 將過濾器固定在上座，確認過濾器與上座貼合。

4. 將下座放到電子秤上秤重，倒入想要的熱水分量。

5. 將下座移到熱源上（小瓦斯燈、酒精燈或鹵素燈皆可），請拿著它的把手操作。

6. 將上座插入下座中，但尚不要完全密封。太早讓上下座密封，下座內逐漸膨脹的氣體也會將熱水往上推，此時的熱水溫度還沒到達適當的位置，會讓咖啡不好喝。

7. 熱水開始沸騰時，讓上下座密合，如果使用的是可以控制火力的熱源，要將火力轉小一些，此時沸騰的熱水會被推往上座，你必須觀察過濾器是否還在上座的中央固定著，如果沒有，會看到過濾器邊緣出現很多大氣泡，可以用攪拌棒或湯匙小心地推一推過濾器，讓它回到正確的位置。

8. 熱水剛到上座時，產生的氣泡會比較劇烈，同時伴隨較大的氣泡，當氣泡變得細小時就可以開始沖煮，倒入咖啡粉並攪拌直到所有的咖啡粉都均勻濕潤，啟動計時器。（**A**）

9. 上壺表面會形成一塊粉層，計時開始後30秒，溫柔地攪拌粉層，讓下層的咖啡粉能夠與下方的熱水繼續接觸。（**B**）

10. 再等30秒後關掉熱源，一旦咖啡液吸回下座時，輕輕攪拌一下上方粉層，一次順時鐘，緊接著再一次逆時鐘，以避免咖啡粉附著在上座邊緣，但是如果攪拌得太多，有可能最後會看到一個咖啡粉形成的小丘，這代表不均勻的萃取。

11. 讓咖啡液完全被吸回下壺，上壺會留下一個微微凸起的咖啡粉層，將咖啡液倒入另一個咖啡壺中，因為下壺的餘熱會讓裡面的咖啡液有煮過頭的味道。（**C**）

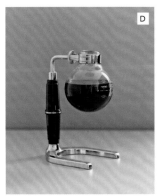

12. 讓咖啡冷卻。虹吸式煮法會煮出非常燙口的咖啡。（**D**）

西元九世紀時，衣索比亞首次發現咖啡，首都阿迪斯阿貝巴（Addis Ababa）的 Tomoca 咖啡館是該國目前最古老的咖啡館，館內唯一可以看到較新穎的東西就是義式濃縮咖啡機。

義式濃縮咖啡

過去五十年裡，許多人認為義式濃縮咖啡是喝咖啡的最佳方式。這不全然正確，因為沒有任何一種沖煮方式真正勝過另一種。在家以外的地方飲用咖啡時，義式濃縮咖啡頂多可以說是當前最受歡迎的咖啡飲品種類。許多咖啡館對一杯義式濃縮咖啡的收費甚至高過濾泡式咖啡。

毫無疑問地，義式濃縮咖啡是造就咖啡零售業的主要驅動者，不論是今日受到廣泛歡迎的義式濃縮咖啡文化，或是美式速食文化版本的全球咖啡連鎖店。

製作義式濃縮咖啡可以同時讓人十分挫敗又大為振奮。在此必須鄭重警告：除非你真的很想要擁有這種新嗜好，絕對不要在家裡買一部義式濃縮咖啡機。也許你會幻想在一個慵懶的週日早晨閱讀早報時，能配上兩杯親手做的美味卡布奇諾咖啡，但其實事前的準備工作與這樣的幻想相去甚遠（還有事後的清潔工作），如果只想來兩杯咖啡飲品，而不是這些工作，建議你跟我一樣，到附近咖啡館讓專業人士替你服務。不過，的確不是每戶人家附近的咖啡館都有好咖啡，對於想在家裡通達義式濃縮咖啡沖泡法的人而言這可是個好理由。

義式濃縮咖啡的起源

我們都了解研磨粗細對於沖泡咖啡的重要性。研磨得越細，咖啡味道越容易萃取出來，也不需要那麼多的水來萃取咖啡，這表示可以煮出一杯更濃郁的咖啡。當你把咖啡豆磨得細到光靠地心引力無法讓水穿透過咖啡粉層時，就會產生問題，這個問題限制了能煮出多濃的一杯咖啡。

長久以來人們一直知道這個問題的存在。第一個解決方式，就是利用累積起來的蒸氣壓力將熱水推過咖啡粉層。一開始，這種早期的義式濃縮咖啡機只出現在咖啡館，用來快速地製作一般濃度的咖啡，於是得到了「espresso」這個名稱。不過，在不危及人身安全的前提下，水蒸氣本身產生的壓力通常不足，因此有人開始嘗試使用空氣壓力或水壓方式協助萃取咖啡。其中最大突破之一來自阿希爾・賈吉亞的發明，他的機器有一支大型拉把，操作者將拉把往下拉，壓縮彈簧，當彈簧鬆開後，產生的壓力會把沖煮用的熱水推送穿透過咖啡粉層，這種方式產生的瞬間壓力非常可觀，因此可以把咖啡粉磨得更細，製作出既小杯、更濃郁又完美萃取的一杯咖啡。

克麗瑪

對大多數咖啡飲用者而言，義式濃縮咖啡的主要特徵之一並不只是濃郁度，還有那表面浮著的一層厚厚泡沫——克麗瑪（crema），這也是義大利人稱呼鮮奶油的用語，它是自然而然形成的一層泡沫，漂浮在咖啡的液面上，就像一杯啤酒表面漂浮的那層泡沫。

克麗瑪的成因，是水在非常高的壓力下可以溶出更多二氧化碳。二氧化碳是在咖啡烘焙時自然產生的氣體，當沖煮好的咖啡液逐漸回復到正常的大氣壓力之下，咖啡液便無法繼續困住所有的氣體成分，因此出現義式濃縮咖啡中那些無數的細小泡泡，這些泡泡會留在咖啡液面上，形成很穩定的一層泡沫。

許多人一直以來都認為克麗瑪很重要。事實上，克麗瑪的存在只代表兩件事：第一，咖啡豆是否仍然新鮮；距離烘焙日期越久，咖啡豆內的二氧化碳含量就越低，煮出來的咖啡泡沫就比較少。第二，這杯義式濃縮咖啡究竟是濃郁或清淡的；泡沫的顏色越深，通常口味越濃郁，這是因為克麗瑪其

實本質上只是咖啡液的泡沫形態，比咖啡液本身的顏色略淺，因為泡沫會折射光線，所以咖啡液本身的顏色深淺，決定了克麗瑪的顏色深淺。基於這個原因，較深度烘焙的咖啡豆，製作出的咖啡克麗瑪顏色較深。然而，克麗瑪無法告訴你的咖啡生豆的品質是否優良，咖啡豆是否經過妥善的烘焙，用來沖煮義式濃縮咖啡的機器是否乾淨等等，

右：1905年取得專利的 la Pavoni 雙孔機 Ideale，是同類型咖啡機中的先驅，這類型的咖啡機將義式濃縮咖啡推廣到歐洲，不久之後更遍及全世界。

以上都是一杯美味的咖啡必須注意的所有關鍵因素。

基本沖煮技巧

沖煮義式濃縮咖啡時，研磨好的咖啡粉會裝進一個小型金屬濾器裡，濾器再放進另一支把手中，濾器底部有許多細小孔洞用來防止咖啡細粉流過，同時讓咖啡液能夠順利通過，不過還是會有少許最細小的粉末顆粒會通過孔洞。

濾器中的咖啡粉會經過填壓讓表面平整，放入濾器的把手，之後鎖上義式濃縮咖啡機，啟動幫浦。幫浦會將接近沸點的熱水由鍋爐推送，穿過咖啡粉層，萃取出的咖啡液就會滴落到下方的咖

上：出色的吧臺師可以在限定時間內製作出理想的咖啡分量，即使是使用一部造形優美的1956年版 la San Marco 拉吧機，最重要的第一件事，就是確認研磨粗細是否正確。

啡杯中。某些咖啡機型沖煮時，操作者會決定何時關閉幫浦結束萃取，有時靠目測，有時是靠秤重；另有些機型則是釋放固定的水量，然後自動關閉幫浦。

　　出色的義式濃縮咖啡，是由萃取條件來決定。好的咖啡烘豆商會提供大量的黃金萃取參數，一組好的萃取條件，指的是精確的測量數值，包括下列各個項目：

- 咖啡粉的重量（公克）。
- 咖啡液的目標萃取劑量（最好是以公克為單位，或至少以毫升計算）。
- 萃取總時間。
- 萃取用的熱水溫度。

　　除了提供基本的沖煮概念，還有一些技巧給希望在家裡煮出出色義式濃縮咖啡的人，這些技巧是我多年來到全世界各地傳授給許多專業吧臺師的心得，相信也是目前大家所認同煮出優質義式濃縮咖啡的關鍵。

萃取壓力及阻抗力

義式濃縮咖啡的沖煮目標，是在限定的時間範圍內煮出特定劑量的咖啡液。舉例來說，參數可能是在27～29秒內，用18克咖啡粉製造出36克咖啡液，為了達成此目標，我們必須知道如何控制熱水通過咖啡粉的速度。

熱水通過咖啡粉的速度，決定了咖啡內風味成分萃取的多寡。假如熱水花了太長的時間穿透咖啡粉，會帶出太多成分，通常就是過度萃取，這杯咖啡將帶著苦味、煙灰味及非常刺激的風味；假如熱水通過咖啡粉的時間太短，成分就會萃取不足，咖啡嘗起來將比較尖銳、澀口且稀薄。

用來控制水流通過咖啡粉速度的方法，靠的是改變咖啡粉層的阻力大小。達到這個目標的方法有兩種：改變咖啡粉的分量（放入越多咖啡粉，熱水就要花更多時間穿透咖啡粉），以及改變咖啡研磨粗細。

咖啡粉磨得越細，咖啡顆粒之間的密合度就越高，會提高熱水通過咖啡粉的難度。假如有兩個空罐子，其中一個裝滿沙子，另一個裝入一樣重量的小石頭，水通過裝著小石頭的罐子會比較快；同理，水通過研磨較粗的咖啡粉之速度會更快。

流速不對，咖啡就不好喝；這是許多人都有過的經驗，也是每天世界各地成千上萬的吧臺師感到挫敗的問題。如果研磨粗細或咖啡粉量不正確，問題便很難立刻發現。正因如此，一般在家裡操作時，建議一定要測量咖啡分量，這可以降低失誤率、挫折感及減少浪費。如果使用了正確重量的咖啡粉，就會知道其實要改變的只有研磨粗細而已。

義式濃縮咖啡或許是在全世界餐飲領域中最吹毛求疵的一項沖煮方式。這麼說可不是誇大其詞，只要出現目標範圍外幾秒的差距、濾器內少裝了1公克咖啡粉，或是最後萃出的咖啡液總量只少了幾公克，都能對咖啡風味造成可觀的影響，很有可能會從一杯很爽口的咖啡，變成只能倒進水槽的失敗品。

我建議固定越多參數越好，一次只改變一項變因，當煮出一杯令人失望的咖啡時，試著先從改變研磨粗細著手，因為如果研磨粗細出錯，改變其他變因都不見得能做出想要的成果。

填壓

「填壓」（tamping）一詞，是用來形容沖煮義式濃縮咖啡之前壓緊咖啡粉的動作。剛研磨好的咖啡粉是膨鬆的，假如把沒有壓緊的咖啡粉直接放進咖啡機，以高壓的熱水萃取，水會尋找咖啡粉顆粒之間的孔洞並快速通過，許多咖啡粉就會因此沒能萃取出風味。這個現象我們稱之為「通道效應」（channelling），通道效應發生時，煮出的咖啡帶有尖銳及不討喜的風味，因為咖啡粉內的成分沒有均勻地萃取出來。

許多人認為填壓是很重要的動作，但我不太相信有那麼重要。填壓的目標單純地只是為了推出咖啡餅內的空氣，並確保沖煮之前咖啡餅表面均勻平整，力道大小不會改變水通過咖啡粉的速度太多，一旦將咖啡餅內的空氣都推出，使用更大力氣壓出更多空氣是有困難的，義式濃縮咖啡機以9 Bar或130 psi的壓力推送熱水，這比人手填壓的力道大多了，填壓只是為了製造出均勻的咖啡餅表面，沒有其他目的。

有些人在填壓過後會發現有少許咖啡粉黏附在濾器周圍，會用填壓器敲一敲把手讓黏附著的咖啡粉掉落，然後重新進行填壓。千萬別這麼做！敲擊把手時可能會把咖啡餅敲鬆，使得咖啡餅與濾器之間產生空隙，就可能造成通道效應。其次也可能會傷及填壓器，有些填壓器本身就是美麗的工藝品，若是造成缺損將是多麼可惜的一件事。

最後，我建議用正確的姿勢操作填壓器，就像拿手電筒的握法，拇指直直朝下，開始填壓時，手肘必須在濾器正上方，手腕打直。可以想像手裡拿著一把螺絲起子，試著鎖一根在工作椅上方的螺絲，用相同的手勢拿著填壓器可以保護手腕不受傷（詳見第100頁），不斷重複使用錯誤的方式操作填壓器，是大多數專業吧臺師手腕受傷的主因。

義式濃縮咖啡沖煮法

這個流程裡我們將製作兩杯義式濃縮咖啡，你可以做成兩杯分開的咖啡，或者直接製作成一杯雙分義式濃縮咖啡（double espresso）。

1. 將義式濃縮咖啡機的水箱裝滿適合用來沖煮咖啡的低礦物質含量飲用水，之後打開開關開始加熱。

2. 開始沖煮之前才研磨咖啡豆，記得先替咖啡粉秤重。（**A**）

3. 確認濾器內部清潔，使用乾燥的小抹布擦拭濾器內部，確保濾器內完全乾燥，同時去除前次沖煮後任何殘留在濾器內的咖啡粉，小抹布也有助於清除前次沖煮後殘留的油脂類物質。

4. 假如手邊的電子秤臺夠大，將整個沖煮把手放在秤上測量咖啡粉的重量；假如沒那麼大，拆下濾器放在秤上測量咖啡粉重量即可。（**B**）

5. 如果電子秤準確度夠高，請裝入誤差值在0.1公克內的咖啡粉，精確度依據你平常慣用的咖啡粉量或咖啡烘豆商提供的用量數據，這樣的準確度看似對技術的要求過於嚴苛，不過現在電子秤相對便宜多了，只要使用電子秤，便保證可以更常製作出更美味的咖啡。

6. 將沖煮把手從電子秤上拿下，填壓濾器中的咖啡粉使之表面平整，手腕要打直，咖啡餅的密度才會平均。可以把填壓器放在咖啡餅上觀察填壓器把手的傾斜角度，就

能知道填壓是否夠平整。（**C**）

7. 將要用的杯子放到電子秤上扣除重量。

8. 啟動咖啡機讓一些熱水流過沖煮頭，這有助於沖煮時的水溫穩定性，也可以洗去前一次沖煮時殘留的咖啡粉。

9. 小心地將沖煮把手扣上咖啡機並鎖緊，將咖啡杯放置在把手下方的咖啡分流嘴底下。

10. 準備好計時器，如果咖啡機沒有內建沖煮時間顯示功能，只要使用簡單的碼表或手機上的計時器軟體即可。

11. 盡快開始沖煮咖啡。啟動沖煮鍵時同時按下計時器，沖煮時依照咖啡烘豆商建議的沖煮時間操作，如果咖啡烘豆商沒有提供參數，請嘗試沖煮總時間為27～29秒的方式。

12. 到達期望的沖煮時間後關閉沖煮鍵，當沖煮把手的咖啡液完全不再滴落（大約幾秒之後），將咖啡杯放到電子秤上確認到底煮出多重的咖啡液。

判斷沖煮成果

理想情況下，沖煮出的咖啡液重量應該在咖啡烘豆商建議值的幾公克誤差值之內，假如誤差值過大，只要在下次沖煮時改變一些小地方，再嘗試看看：

· 假如煮出分量太多，表示咖啡流得太快，必須把咖啡磨得更細使流速降低。
· 假如煮出分量太少，表示咖啡流得太慢，必須把咖啡磨得更粗使流速加快。

對許多人來說，這般的精準度要求似乎有點極端。另外也有些人較偏好量測咖啡液的體積（單純以肉眼判斷），這樣當然也行，只是不夠準確。

當一具磨豆機設定成給某個特定批次的咖啡豆使用時，就不太需要再做調整，除非家中一整天之間會有劇烈的溫差。

改變研磨粗細

沖煮義式濃縮咖啡時，要準備一具可以輕鬆調整研磨粗細度的磨豆機，每當開始沖煮另一包新的咖啡豆時，便必須重新調整磨豆機。在咖啡業界，我們用「dialling in」表示調整研磨粗細。

不論是哪具磨豆機，每次研磨完後，機器內或多或少都會殘留一些咖啡粉，因此，每次改變研磨粗細之後，第一次研磨的咖啡粉就會有一部分是之前的粗細度，大多數吧臺師會將第一次研磨的咖啡粉直接丟棄。如果改變研磨粗細後沖煮成果卻仍然沒有太大差別，很有可能就是因為前一次的舊粉沒有完全推出。

調整研磨粗細時，建議一次調整一點點即可。當你買了一具新的磨豆機，可以用較便宜的新鮮烘焙咖啡豆嘗試，進而了解只改變一個刻度時得到的沖煮成果差異會有多大，大多數磨豆機的刻度都有對應的數字，但其實沒有任何實質意義。想將顆

粒調整為較細時，便是將調整桿調往較小的數值方向，反之亦然。許多磨豆機都有刻痕的設計，有時以整數表示，有時則用小數點後一位的方式表示。要調整研磨粗細時，建議一開始只調整一小格刻度。

水粉比例

義式濃縮咖啡有許多不同風格，人們對煮多久或多濃郁也各有所好。業界常提到的水粉比例即是使用固定重量的咖啡粉要煮出多少咖啡液。我個人的偏好是使用一分咖啡粉煮出兩分義式濃縮咖啡，舉例來說，假設用18公克咖啡粉，我會想煮出重量約36公克的義式濃縮咖啡。真正的義大利人通常會煮更小杯一點，所以如果我要用義大利標準煮雙分義式濃縮咖啡時，就會用14公克咖啡粉萃取28公克咖啡液，這個固定的水粉比例是為了維持我對風味濃度的偏好。

假如我想要一杯更濃郁的義式濃縮咖啡，可以採用1：1.5的水粉比例，也就是用18公克的粉煮出27公克的咖啡液。這杯分量較少的義式濃縮咖啡口味會非常濃郁，因此必須將研磨刻度調細些，讓整個沖煮過程花費的時間相近。假如使用原來的研磨粗細度讓熱水通過咖啡餅的速度一樣，而只取前段的27公克咖啡液，如此一來的萃取時間將太快，會因此很難萃取出所有想要的好味道。

沖煮水溫

全球的咖啡產業正逐漸脫離義式濃縮咖啡必須使用固定水溫的執著。改變沖煮水溫的確對萃取與風味有影響，但我也並不認為有像許多人口中的那麼重要。越高的水溫對咖啡萃取的效率就越高，因此在沖煮較淺度烘焙的咖啡時，我建議使用較高的水溫，較深烘焙的咖啡時則採較低的，因為較深烘焙的咖啡較容易釋放風味成分。

有些人聲稱攝氏0.1度的水溫差異就會改變咖啡的風味，我不同意。我認為要到攝氏1度以上的水溫差異才會造成大多數人感測得到的最小差異。以我的經驗來說，喝到一杯不好喝的義式濃縮咖啡

時，絕大多數都不是因為水溫不對。

如果咖啡機可以更改沖煮水溫，建議使用攝氏90～94度的水溫，如果煮出的義式濃縮咖啡味道不對，可以嘗試先調整其他參數，假如不管怎麼調整得到的都是不好的味道（像是一直有尖銳的酸味），請試著調高水溫；若是一直有股苦味，就試著降低水溫（當然要先檢查咖啡機是否乾淨）。

沖煮壓力

第一部義式濃縮咖啡機使用壓縮彈簧產生的壓力將熱水推送穿過咖啡餅，當彈簧伸展時壓力就會慢慢減落。一開始，它會製造非常大的壓力，最後則是以相對低的壓力推送熱水。電動式幫浦越來越普及後，通常會設定恆定的輸出壓力，有些人會設定9 bar（130 psi），因為這個數值比較接近壓縮彈簧製造出的壓力平均值。

很幸運地，這個壓力值剛好也是我們可以得到最佳流速的壓力值，低於9 bar的水壓，咖啡餅造成的阻力會較大，流速將因此變慢；高於9 bar，咖啡餅會因為壓力而密實，再度讓流速變慢。只要咖啡機能夠輸出約略正確的水壓，應該就沒什麼問題。水壓如果太低，義式濃縮咖啡就會缺乏豐厚度及較少的乳化成分；太過高的水壓則會產生一股木質般的奇怪苦味，令人不舒服。

現在有許多市售的設備讓吧臺師能夠改變沖煮水壓，但這個最新科技尚未套用到家用咖啡機上。

清潔保養

依我個人估計，全世界大約有95%的商用咖啡機沒有妥善清潔，這正是每天人們會喝到一杯令人失望、焦苦、不討喜的咖啡的主要原因之一。沒有所謂太乾淨這回事，每次煮完咖啡後你都必須花點時間清潔，一部乾淨的機器可以讓咖啡一直有香甜與純淨的風味。

· 煮完咖啡後，取下沖煮把手上的濾器，並將把手內部使用肥皂水及菜瓜布清洗（譯註，請盡量使用食品級清潔劑或蔬果清洗劑）。如果沒有確實

義式濃縮咖啡與其他沖煮方式截然不同，也因為它用相對少的水量，要完全萃取出咖啡的風味成分是一項挑戰。另外，當萃取濃度較高的咖啡時，風味的均衡度顯得格外重要，因此能用其他沖煮法沖出美味且風味又和諧的咖啡豆，用義式濃縮咖啡的沖煮方式就會產生有太強烈的酸味。

基於這個原因，許多咖啡烘豆商會特別針對義式濃縮咖啡改變烘焙方式，雖然並非放諸四海皆準，但我建議義式濃縮咖啡使用的咖啡豆，其烘焙過程要放慢一些、烘得深一些，其他沖煮方式則無須刻意如此。

然而，咖啡烘豆商對義式濃縮咖啡豆該烘到多深的程度仍多歧見，因此造就了從相對淺烘焙到極深度重烘焙並存的情況。我個人較偏好淺一點的，因為這個烘焙度會保留咖啡生豆中某些令人喜愛的特質。深度烘焙的咖啡通常帶有一股「烘焙味」（roasted coffee flavour），也會有我特別不喜歡的較強苦味。這是我個人的偏好，每個人都能有自己的風味喜好。

烘焙越深的咖啡豆越容易萃取風味，因為烘焙時間越長，咖啡豆的結構中會有越多孔隙，並且組織脆度變高，這意味著萃取時需要用到的水量較少。假如風味的豐厚度及口感對你來說很重要，你可能會偏愛1：1.5的水粉比例；假如甜度及清澈感對你而言比較重要，則建議採用較淺一點烘焙的義式濃縮咖啡，以及1：2的水粉比例。

手的周圍流到咖啡杯裡。

- 將濾器從沖煮把手中移出並放上無孔濾器（cleaning basket），無孔濾器底部沒有任何孔洞，通常會隨機附送。
- 建議每次煮完後，使用可以將殘留在咖啡機內部的所有咖啡液都清除的商用咖啡機清潔劑清理，假如咖啡液一直殘留於咖啡機內，煮出的咖啡會越來越難喝。請遵照製造商的建議使用咖啡機清潔粉。
- 假如有使用到蒸氣管，也要清潔。

有些人偶爾會聲稱覺得某部機器喝起來太乾淨，必須在清潔之後先煮一到兩次咖啡蓋掉帶有金屬味的特質，我個人從來沒有發現這個問題。只要機器有充分熱機（根據每家機器製造商的建議再加個10～15分鐘），應該可以馬上製作出非常好喝的咖啡。

建議不使用咖啡機時可直接關掉電源。另外，也請確定每當要使用計時器時，它就放在立刻能夠拿到的地方，沖煮完成時記得按停。持續將義式濃縮咖啡機的電源打開而沒使用，會浪費許多能源。

為了讓機器常保最佳工作狀態，請確認水源適當。使用硬度偏高的水源，機器會很快堆積水垢並造成功能異常。許多機器製造商會針對去除水垢提供一些建議步驟，因為即使水質較軟的區域生成水垢的時間較長，依舊會有水垢的問題。特別要注意的是，如果水垢堆積太厚，自己完成清除工作就可能會有困難，你會需要專業人士的協助（當然也會有額外的費用）。

一段時間之後，橡膠材質的墊圈可能必須更換。鎖上沖煮把手時，把手與咖啡機應該呈九十度的相對位置，如果你必須將把手鎖到高於九十度的位置，表示橡膠墊圈可能已經老化，是時候換副新的。

清潔，把手內部會累積一層乾掉的咖啡，導致煮出的咖啡帶有很糟糕的氣味及口味。

- 義式濃縮咖啡機的熱水出水口是透過網狀的蓮蓬頭流出，假如蓮蓬頭能很輕易地從機器上移除，請拆下清理，同時也要清潔與蓮蓬頭固定在一起的分水網。
- 之後要清理橡膠墊圈，假如有咖啡粉在橡膠墊圈附近堆積，沖煮把手與咖啡機沖煮頭就無法密合，熱水在沖煮時會從縫隙中漏出，通常會從把

一群客人正在佛里斯街29號The Moka Bar圍繞著吧臺手。這間倫敦第一間義式濃縮咖啡吧設立於1953年，由義大利女演員珍娜·露露布莉姬妲（Gina lollobrigida）經營。

製作蒸奶

優質蒸奶（steaming milk）與萃取良好的義式濃縮咖啡相結合，會構成十分美好的感官體驗，這樣的美味奶泡就像液態的棉花糖，其柔軟似慕斯般的口感是毫無疑問的絕佳享受。製作蒸奶的目標是要製造非常細小的泡沫，細小到肉眼幾乎難以看見（通常稱之為微氣泡）。優良的奶泡具備彈性，而且有很好的流動性，為卡布其諾或拿鐵之類的飲品更添享用樂趣。

使用新鮮牛奶對於製作蒸奶非常重要。一旦牛奶即將到達保存期限，雖然嘗起來沒什麼問題也不會有健康的疑慮，卻已經失去製作出穩定奶泡的特質。一開始製作的奶泡看似正常，但是奶泡會很快地潰散，將這杯已經打好的奶泡拉到耳朵旁仔細聽，可能會聽見類似倒出蘇打水時的嘶嘶聲。

製作蒸奶有兩個任務必須完成：首先必須將空氣打入牛奶製造出泡泡，同時必須加熱牛奶。我們最好一次只解決一項任務，第一件事是專心製造泡泡，當我們替牛奶加入了足夠的空氣，而奶泡的體積也達到理想位置之後，接下來只須將焦點放在加熱牛奶，直到達到理想的溫度。

全脂？還是低脂？

牛奶中的蛋白質是形成奶泡的主要成分，因此不論是全脂或低脂，奶泡都可以打得非常漂亮。不過，牛奶中的脂肪含量也的確是一個重要角色，它會替飲品的口感加分，同時改變風味的呈現。使用低脂牛奶製作的卡布其諾，咖啡味的表現將立即且鮮明，但是不會有後韻；使用全脂牛奶製作時，咖啡味較不集中，但尾韻卻相對持續較長。建議盡量使用全脂牛乳，我也比較偏好牛奶分量相對少的飲品，個人認為較小杯的卡布其諾風味飽滿度較好，是饒富樂趣的飲品。

正確的蒸奶溫度

與咖啡結合時，最理想的蒸奶溫度一直是許多咖啡館與客人之間最常見的爭論主題。一旦牛奶的溫度超過攝氏68度，其風味及質感就會有無法逆轉的衰退，這是因為熱度會轉變蛋白質的狀態，進而產生新的風味。這些新風味不見得是好味道，溫度過高的牛奶聞起來好的時候像雞蛋，不好時有嬰兒吐奶的氣味。

一杯原本應該是攝氏60度的卡布其諾，做得更燙時會欠缺質感、風味及甜度，牛奶加熱到接近沸點時將無法產生好的微氣泡，很不幸地，這就是牛奶的本質。這時，我們該抉擇到底想要一杯會燙口的咖啡？還是一杯很美味的飲品？這可不是說所有飲品都應該以微溫的狀態供應，而是飲品一旦完成就應該立刻享用。

A

此處的技巧適合傳統型蒸氣管機種，假如你的咖啡機有其他配件或全自動奶泡製作功能，請遵照機器製造商的建議操作。

1. 首先，將蒸氣管朝著咖啡機的滴水盤或用一塊布包著的同時打開蒸氣閥門，這個叫「吹洗」（purging）的動作會將蒸氣管內部所有殘留物噴出。（**A**）

2. 將冰冷的鮮奶倒入乾淨的奶泡鋼杯中，不要超過容量60%。

3. 蒸氣管前端稍微埋入牛奶表面底下。

4. 蒸氣閥開到全開，並緩緩將奶泡鋼杯往下，直到蒸氣管與牛奶之間恰好接觸到，此時請仔細聆聽：應該可以聽到蒸氣管將空氣帶入牛奶中發出的嘶嘶聲，當牛奶膨脹時，再將奶泡鋼杯高度略微往下調，讓更多空氣帶入牛奶，直到奶泡量達到心中預設的分量。

5. 擁有理想的奶泡量時，用手觸碰鋼杯應是感到溫溫的，此時將蒸氣管噴頭埋進牛奶中開始繼續加熱，噴頭不用埋太深，在表面底下一些即可，並將噴頭靠在奶泡鋼杯的一側，讓內部的牛奶開始旋轉並混合，整個過程發出

的聲音是相對較小的。

6. 如要測試牛奶是否夠熱，可以同時將另一隻手放在鋼杯底部並持續加熱牛奶，直到覺得太燙了就停止。此時牛奶的溫度大約攝氏55度。將手從鋼杯底部移開並繼續用蒸氣加熱3～5秒，時間長短依想喝多熱的咖啡而定。（**B**）

7. 完全關閉蒸氣閥，取下奶泡鋼杯，並用一條乾淨的濕抹布擦拭蒸氣管，同時在包著抹布的狀態下再吹洗一次，將蒸氣管內部殘留的牛奶全部噴出。

8. 假如奶泡裡有一些很大、看起來很醜的奶泡，別擔心，因為較粗的氣泡比較脆弱，只要靜置幾秒，很快就會破掉。你也可以把整個奶泡鋼杯垂直輕扣工作檯面幾下，較粗的奶泡也會消失。

9. 將牛奶與奶泡混合物倒入飲品時，強烈建議必須確認奶泡與牛奶完全地結合。在步驟8的輕扣檯面動作之後，將奶泡鋼杯放在工作檯上繞圈旋轉，讓牛奶與奶泡充分混合，這個動作就好比在品嘗紅酒時將杯內的紅酒繞圈旋轉，可以用稍大的力道，因為目標是要讓兩者完全融合，進而產生完美的微氣泡。當奶泡表面呈現光滑且帶光澤的型態之後，就可以倒入飲品中。（**C**）

義式濃縮咖啡專用設備

各個預算區間其實都有合適的義式濃縮咖啡機，有適合剛入門者的便宜機種，也有更聰明的機種，價格也許可以買一部小車。不論哪一種，都是設計成做同一件事：將水加熱，並將熱水以高壓推送出去。

咖啡機越貴，關於品質、操控性及穩定性的性能就會越好。穩定性的主要差異在於咖啡機用何種方式將水加熱、製造水壓，不同的義式濃縮咖啡機種會採用不同的方式。

熱阻板式咖啡機

熱阻板式（thermoblock）咖啡機是所有製作義式濃縮咖啡機種中最便宜的，機器內部有個可以將水加熱的元件。熱阻板式咖啡機有兩種功能：其一是將水加熱到適合煮咖啡的溫度，另一是將水加熱到可以產生蒸氣的溫度。這代表這部機器一次只能做一件事，建議先把咖啡煮好，再把機器加熱到可以打奶泡的溫度製作奶泡。

廣泛來說，熱阻板式很難有穩定的水溫，而且不能在煮完咖啡之後立即製作奶泡，因此製作多杯飲品會產生限制，使用者也會感到十分挫折。不過，假如擁有一具不錯的磨豆機，這類咖啡機當然也可以製作出不錯的義式濃縮咖啡。

熱阻板式常會配備振動式幫浦（vibration pump）製造壓力，它有兩個缺點：噪音很大，而且提供的壓力不太準確。製作義式濃縮咖啡的理想壓力大約是9 Bar（130 psi），振動式幫浦通常被設定到更高的壓力輸出值，而機器製造商也會自豪地宣稱他們的機器可以製造出15 Bar（220 psi）的壓力，給人一種壓力越大越好的錯覺。

這類的機器也會配備卸壓閥，在超過9 Bar時釋放多餘的壓力，但這些卸壓閥未必經過精密的校準，可能必須不時微調。我不建議你自行拆開機器微調，因為機器很可能因此喪失保固資格。

毫無疑問地，熱阻板式是最受一般大眾歡迎，

下：1950年代的羅馬，客人由穿著體面的吧臺師負責供應義式濃縮咖啡，雖然閃閃發亮的咖啡機是全場的焦點，但磨豆機的品質重要性其實更高。

也是銷售範圍最廣的咖啡機種，但許多喜歡製作義式濃縮咖啡的人很快就會感受到機器的限制，進而思考升級。

熱交換式機種

雖然熱交換式（heat-exchange）機種在商用義式濃縮咖啡機裡較常見，但也有熱交換式的家用機種。這種機種可以將一個小鍋爐內的水加熱到接近攝氏120度，這會製造出大量的蒸氣，因此可以隨時製作蒸奶，不過鍋爐內的熱水溫度過高所以不適合沖煮咖啡。機器會以幫浦抽取新鮮的水穿過熱水鍋爐，這個原理稱為熱交換。通常會在蒸氣鍋爐的中間設計類似熱水管的結構，讓冷水通過蒸氣鍋爐，沖煮咖啡用的水源與蒸氣鍋爐內的水源是分開的，蒸氣鍋爐內的熱能會很快地傳遞到沖煮咖啡的水中，將水溫提升到理想的沖煮溫度。

這類機器通常歸類在較專業的消費者型咖啡機，因為它同時具有一般消費者可負擔的價位和較具職業水準的功能表現。熱交換式的缺點（尤其以家用機種而言）就是蒸氣鍋爐的溫度改變時，會對沖煮用水的溫度產生很大的影響；如果希望蒸氣更強，必須讓蒸氣鍋爐的溫度更高，但沖煮用水的溫度也會因此同時升高，降低沖煮用水的溫度時，蒸氣的強度會跟著減弱。

許多這類機器利用機械式溫度彈片控制蒸氣鍋爐的溫度，但會讓蒸氣鍋爐的水溫有較大的溫差，設計較佳的機種對蒸氣鍋爐的溫度具有更為妥善的控制性。

熱交換式機種會配備振動式或迴轉式幫浦。商用機種通常是迴轉式幫浦，運轉時比較安靜，同時較容易調整壓力。但是不管使用哪種幫浦，只要壓力值設定相同，沖煮表現沒有太大的不同。

雙鍋爐式機種

雙鍋爐式（dual-boiler）的概念是要將沖煮咖啡用水與蒸氣用水完全分離，單看字面解釋就知道沖煮用水擁有獨立的鍋爐和加熱元件，另一具小蒸氣鍋爐則會把水加熱到更高的溫度，製造出蒸氣及

沸騰水，沸騰水還可以拿來泡茶或製作美式咖啡。

咖啡沖煮鍋爐中的水溫通常會以數位電子式的溫控調校，調整溫度因此變得更便利、簡易，穩定性同時也更高。雙鍋爐式毫無疑問地可以做出與任何商用式機種一樣棒的咖啡品質，但通常價位也較高。

義式濃縮咖啡磨豆機

適合研磨義式濃縮咖啡的磨豆機必須具備兩個關鍵要素：能磨到足夠的細度，以及能輕易且非常精細地調整研磨粗細。

價格較高的磨豆機通常有更好的控制性，也就是可以更精密地調整研磨粗細，而且磨豆機內部的馬達功率較高，機器運作時較安靜。其中最頂級的機種是磨盤式磨豆機，機器內部有一組研磨刀盤，以此研磨出的咖啡顆粒極細，粉末較少，這些粉末通常是苦味的來源之一。

許多熱衷義式濃縮咖啡的人，最後都會買一具較小的基本商業用磨豆機，而不是高端的家用機種。其實家用磨豆機也有不錯的選擇，你可以考慮最理想的「代客研磨」（grind to order）機種，它沒有咖啡粉儲存槽，而是以一個出粉口將研磨好的咖啡粉直接噴到沖煮把手內的濾器裡。

義式濃縮咖啡
花式飲品

不論大杯、小杯、純飲或加奶，許多花式咖啡飲品都是以一杯義式濃縮咖啡當做基底。

義式濃縮咖啡 ESPRESSO

義式濃縮咖啡有許多定義基準，其中有些要求極度精準，也有一些則是較廣泛的標準。我對義式濃縮咖啡的定義是：一杯小杯、濃郁的飲品，同時使用細研磨的咖啡粉，以高水壓方式萃取。我也會覺得義式濃縮咖啡必須帶有克麗瑪，更精確的要求是，水粉比例大約1：2。我比較傾向以較廣的定義看待義式濃縮咖啡，而不是斤斤計較某些細節的對與錯。

精華萃取義式濃縮咖啡 RISTRETTO

此咖啡飲品名稱為義大利文，意思是「受限的量」（restristed）。概念是製作出一杯比標準義式濃縮咖啡更小杯且更濃郁的咖啡。用相同分量的咖啡粉、相對少的水量萃取，還須讓咖啡研磨的粗細度更細，因此才能維持差不多的萃取時間，讓咖啡內所有討喜的香味都能萃取出來。

長萃取義式濃縮咖啡 LUNGO

近來的長萃取義式濃縮咖啡對精品咖啡產業而言較不時興。製作時會使用義式濃縮咖啡機，以相同分量的咖啡粉，但是用兩到三倍的水量萃取，煮出較大杯的飲品，嘗起來較稀薄。對品嘗經驗較多的消費者來說，長萃取義式濃縮咖啡較缺乏豐厚度及口感，通常喝起來很恐怖，有較多苦味與煙塵味。

但是，最近精品咖啡產業也有股潮流出現：用長萃取法煮較淺烘焙的咖啡豆，煮出的咖啡具有高複雜性及均衡感，我個人也覺得很美味。假如你曾困擾於某個義式濃縮咖啡配方的酸味該如何平衡，也許可以嘗試長萃取的方式，研磨粗細度必須稍粗一點，讓水流速度略快以避免過度萃取。

瑪其雅朵 MACCHIATO

瑪其雅朵的名稱來自：將義式濃縮咖啡以少許的奶泡標上「記號」（marking）。在義大利，經常會看到一位非常忙碌的吧臺師面前擺著好幾杯義式濃縮咖啡，等著端給排隊的客人，假如其中一位客人喜歡加少許牛奶，吧臺師會在他的杯子裡放入一小撮奶泡當做記號。因為，假如只是單純地在剛做好的義式濃縮咖啡倒入一點點牛奶，牛奶會很快地在克麗瑪中消失，很難用肉眼判斷這杯是什麼飲品。

約莫十年前，許多以品質為主要考量的咖啡館針對瑪其雅朵做了一些改變，他們直接把瑪其雅朵定義為以奶泡直接覆蓋義式濃縮咖啡的飲品，通常是消費者要求才會這麼做，這類消費者主要是想要稍微大杯、風味不那麼濃郁且較甜的飲品。不過，也有些吧臺師則是為了炫耀能在非常小的杯子裡拉花而製作瑪其雅朵。

另外還有個令人混淆的例外，星巴克的飲品中包括一項「焦糖瑪其雅朵」（Caramel Macchiato），這是一種與瑪其雅朵截然不同的飲品，比較接近拿鐵咖啡，只是表面以焦糖醬做記號。這個名稱對部分消費者造成混淆，尤其是在北美洲，因此有些咖啡館會特別標示他們製作的是傳統瑪其雅朵。

卡布其諾
CAPPUCCINO

關於卡布其諾仍然有許多傳說。首先,卡布其諾的名稱其實與古代僧袍的顏色或修士修剪成頭頂光禿的髮型無關。卡布其諾的舊名稱為「kapuziner」,這是一種十九世紀來自維也納的飲品,是由小分咖啡與牛奶或鮮奶油混合後,變成類似古代僧袍的褐色色調,這個名稱一開始其實只是代表這個飲品的濃郁度。

另一個近代關於卡布其諾的傳說,是所謂的「三分法則」(Rule of Thirds):傳統的卡布其諾咖啡必須是三分之一的義式濃縮咖啡,配上三分之一牛奶與三分之一奶泡。我的咖啡生涯初期也是被這樣教導的,不過,這個法則一點根據也沒有。我曾經翻閱很多關於咖啡的書籍,第一本提到卡布其諾三分法則的書籍是在1950年代所寫,書中描述的卡布其諾咖啡是「以義式濃縮咖啡與相同分量的牛奶及奶泡互相混合的飲料」,同樣的句子在這本書裡一字不差地出現許多次。這個描述方式有點模稜兩可,因為可以視為只有牛奶與奶泡是相同比例,也可以當成咖啡、牛奶與奶泡都要維持相等比例,因此不見得是把製作的比例設定在1:1:1,也有可能是1:2:2。一杯卡布其諾的總容量大約150～175毫升,以義式濃縮咖啡搭配1:2:2比例的做

法其實由來已久,在義大利及歐洲部分地區的非速食連鎖店體系裡仍然隨處可見。若是製作技巧精良,卡布奇諾將會極度美味。

我個人認為一杯傑出的卡布其諾是所有加奶飲品最頂尖的代表。飽滿紮實的奶泡層與甘甜溫暖的牛奶,以及經過良好萃取的義式濃縮咖啡,三者結合在一起是種極致的享受。在卡布其諾越接近微溫時,嘗起來就會更甜,最棒的卡布其諾我可以三兩下就一飲而盡(當然在咖啡溫度還很高時不可能喝這麼快)。

拿鐵咖啡 CAFFE LATTE

這種飲品並非源於義大利,當義式濃縮咖啡首次傳播到世界各地時,對大多數人來說這是一種充滿苦味、味道密集的不尋常咖啡。某些人認為義式濃縮咖啡的苦味是個困擾,因此加入熱牛奶讓它變得比較甜且稍減苦味,拿鐵咖啡就是為了滿足那些想要有較低風味密集感的客人而發明的咖啡飲品。

典型的拿鐵比起卡布其諾有更多液態的成分,咖啡的味道比較不那麼密集,通常奶泡也較少。

我一直都很小心地把拿鐵咖啡稱為「caffe latte」,而不是「latte」。因為若是在義大利旅行時,點一杯「latte」,就會有點糗地只得到一杯牛奶。

小杯濃拿鐵咖啡 FLAT WHITE

不同的咖啡文化會產生不同的咖啡飲品,雖然小杯濃拿鐵咖啡到底是由澳洲或紐西蘭發明仍有爭議,但不可否認的是這個飲品確實是從澳洲,經由旅居到歐洲及北美洲的人散播出去。在英國,這個名詞先是在一些注重品質的咖啡館出現,隨後主流連鎖店才開始一併採用。

長萃取義式濃縮咖啡
Lungo

瑪其雅朵
Macchiato

美式淡咖啡
Americano

小杯濃拿鐵咖啡
Flat White

精華萃取義式濃縮咖啡
Ristretto

卡布其諾
Cappuccino

拿鐵咖啡
Caffe Latte

義式濃縮咖啡
Espresso

不過，這個飲品的出身可能更低，1990年代，在義大利以外的大部分地區，卡布其諾頂端有一大塊乾燥如蛋白霜（meringue-like）的泡沫是很普遍的現象，咖啡頂端因此有時看似一座山，偶爾還會用巧克力粉仔細妝點。許多消費者對買了一杯裡面大部分都是空氣的咖啡感到不滿，於是開始要求杯頂平坦的白色咖啡，沒有泡沫，只有單純的咖啡與牛奶。很快地，這衍生成一種文化，尤其當人們對飲品品質更注重、對牛奶質感及拉花藝術有更多要求時，小杯濃拿鐵咖啡則被重新定義為一種美味的咖啡飲品。

我對小杯濃拿鐵咖啡能做出的最佳形容就是：它是一杯小杯但較濃郁的拿鐵咖啡，應該具備較濃郁的咖啡風味，通常會使用雙分精華萃取義式濃縮咖啡或雙分義式濃縮咖啡當做基底，上面以熱牛奶覆蓋，製作出總容量150～175毫升的飲品，牛奶只會有少許奶泡，因此也更便於進行拉花藝術。

美式淡咖啡 AMERICANO

故事起源於第二次世界大戰，美軍行進義大利境內時發現義式濃縮咖啡太過濃郁，於是要求吧臺師在義式濃縮咖啡加入一些熱開水，稀釋成美軍在家鄉喝到的濃度，後來就稱為美式淡咖啡。

雖然有點類似濾泡式咖啡，但我認為美式淡咖啡喝起來比較不美味，但是對咖啡館的老闆來說美式淡咖啡擁有類似濾泡式咖啡的濃郁度，又無須添購額外的設備，因此仍然廣受歡迎。

關於美式淡咖啡的製作，我的建議非常簡單。先在杯子倒入新鮮乾淨的熱開水，再倒入雙分義式濃縮咖啡，假如你的義式濃縮咖啡機有蒸氣鍋爐，可以直接從蒸氣鍋爐裡取用熱水；不過，如果有一

段很長的時間不曾取用蒸氣鍋爐內的水，水的味道或許不那麼討喜。

有些人聲稱不應該在義式濃縮咖啡裡加入非常滾燙的熱水，應該要讓義式濃縮咖啡從機器直接流入熱水中。其實我認為兩者並無多大差異，這只會讓咖啡看起來較為清澈或更美觀一些。

稀釋義式濃縮咖啡有個缺點：咖啡帶有的苦味會多一點。因此，建議沖煮完成美式淡咖啡時，立刻撈除上方的克麗瑪，克麗瑪雖然看起來很漂亮，但其內有許多細小的咖啡粉，因此有可能貢獻了杯中的苦味，在攪拌及飲用美式淡咖啡前先刮除克麗瑪，這個動作絕對會讓美式淡咖啡有更好的風味（也建議在品嘗義式濃縮咖啡時刮除上層的克麗瑪試試，差異非常明顯。雖然我本身較偏愛沒有克麗瑪的義式濃縮咖啡，但也不希望多此一舉，會傾向維持有克麗瑪的狀態來飲用。至於飲用美式淡咖啡時，我認為這個額外的動作很值得）。

科達多咖啡 CORTADO

這是少數非源自義大利的咖啡飲品，發源地為西班牙，最有可能是自馬德里發源，因為在馬德里處處可見科達多咖啡的蹤影。傳統上，西班牙人沖煮的義式濃縮咖啡分量較多，濃度比義大利人的淡一些。科達多咖啡需要30毫升的義式濃縮咖啡，再加上相同分量奶泡，科達多咖啡通常會裝在玻璃杯內。這個飲品似乎已經散布到世界各地，在不同的地方有不同的新定義，但本書介紹的是科達多咖啡的基本概念。

前頁：Perles des Indes品牌製作的宣傳海報，該品牌由勒內‧歐諾黑（René Honoré）於1905年創立，是法國最大的咖啡進口商。此公司每天都必須烘焙超過兩千公斤的咖啡豆。

在家烘焙咖啡

過去家家戶戶購買咖啡生豆並在家烘豆是滿普遍的現象。然而，從二十世紀中期開始，在家烘焙咖啡的潮流變得更加便利。在家烘焙咖啡充滿樂趣且相對不昂貴，不過要達到與最佳商用烘焙咖啡豆一樣的品質，通常是一大挑戰。

在家烘焙咖啡豆的優點是一次不用烘太多，在市面購買烘焙好的熟豆必須至少買到一定的量，因此在家烘焙咖啡豆可以探索更多關於咖啡生豆的知識。一如其他嗜好，在家烘焙咖啡豆可能遭遇重大的失敗，但也有可能獲得成功的驚喜。重要的是，應該將在家烘焙咖啡豆視為一項嗜好，而非一種比在市面購買熟豆更省錢的方式。你將投入時間並購入設備，因此應該好好享受學習烘焙咖啡豆的過程，而非將此視為家務。

如今，網路上販售咖啡生豆的公司越來越多。不過，即使咖啡生豆的保存期限比熟豆長了許多，我依舊不建議大量購買。咖啡生豆的風味一樣會隨著時間褪色，所有生豆都應該在購入的三到六個月之內用盡。

另外，關於如何選擇咖啡生豆，建議各位選購擁有透明產地履歷的生豆（關於產地，詳見關於各國產區介紹）。我也建議各位偶爾可以購買同一間公司的同一支咖啡生豆與烘焙完成的熟豆，可以用該公司的商用熟豆為基準，比較自己烘豆功力的成長。

家用烘豆機

只要是能製造足夠熱能的器具，幾乎都可以用來烘焙咖啡豆：你可以把咖啡生豆放在烘焙紙上放進烤箱烘烤，直到轉變成咖啡色，但是這麼做的結果肯定滿恐怖。咖啡豆的烘焙程度會不均勻，接觸烤盤的部分也可能會烤焦，這告訴我們想要達到均勻的烘焙，烘豆過程的翻動與攪拌多麼重要。另外，用炒菜鍋翻炒咖啡生豆是可行的，但是必須大量攪動與翻炒，因此很容易感到疲憊與嘗到敗果。

許多人剛入門時會使用一些稍微精密的器具，像是使用吹風機並且在烘焙的同時頻繁地攪拌咖啡豆，也有人使用改裝過的電動爆米花機烘焙咖啡豆。二手爆米花機可以用非常便宜的價格入手，也可以稱職地烘焙好咖啡豆：使用爆米花機烘焙小量的咖啡只需要很短的時間，大約 4～5 分鐘，但淺度烘焙的表現會比較不均勻，喜愛較深度烘焙的人通常會得到較滿意的結果。切記，這些機器都不是為了烘焙咖啡豆而設計，有的機器可能也不具備能夠妥善烘焙咖啡生豆的強度。

想在家成功烘出美味的咖啡豆，最好選擇一部烘焙咖啡專用機。一開始最好選擇小型機器，直到你確定喜愛烘焙咖啡的儀式，並熟知烘豆的頻繁程度與整體過程。以此種方式開始在家烘焙十分簡單且充滿樂趣，即使最後決定把烘焙咖啡的任務交給專業人士代勞，你也不會後悔曾經在家玩過烘焙咖啡。

在家烘焙咖啡的機器有兩種選項：熱風式烘豆機或鼓式烘豆機。

熱風式烘豆機

熱風式烘豆機是仿造商用浮風床式烘豆機（詳見第 60 頁）的設計，但是規模小多了。它們有點像強力的爆米花機：以熱風吹動烘焙鍋內部的咖啡豆，因此可以烘出均勻的成果，這股熱風同時也能讓咖啡豆轉變成褐色。某種程度可以調整熱度與風速，因此可以適時加快或減緩烘焙速度。熱風式的價位通常比鼓式便宜，是想要入門了解咖啡豆烘焙過程者絕佳的入門工具。

有些機種可以處理烘豆時產生的煙霧與氣味，但仍建議選擇一處通風良好的環境進行烘豆。若你在戶外烘焙且天氣很冷，可能會花比預期更久的時間烘完一個批次。

熱風式烘豆機運作原理

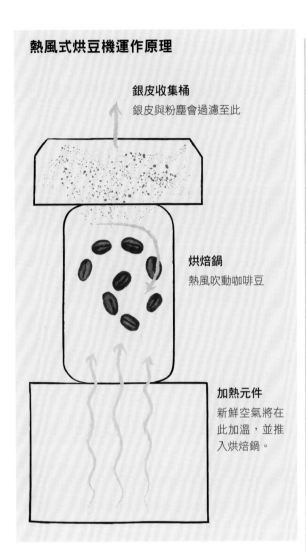

銀皮收集桶
銀皮與粉塵會過濾至此

烘焙鍋
熱風吹動咖啡豆

加熱元件
新鮮空氣將在此加溫,並推入烘焙鍋。

鼓式烘豆機

　　家用鼓式烘豆機與商用機型設計相仿,但機械本身材料的品質與用量通常會與商用機型不同。在加熱過程中,咖啡豆會在烘焙鼓內不斷翻滾,烘焙鼓就是為了讓咖啡豆能夠均勻受熱而設計的結構。

　　有些鼓式烘豆機會加裝可程式化的功能,讓你建立自己的專屬烘焙參數曲線。烘焙過程中的火源大小可以隨時調整,這樣的烘豆機就可以自動執行你最喜歡的烘焙模式,進而簡化烘豆流程。

上:就像所有嗜好一般,在家烘焙咖啡豆有時會遭到挫敗,有時也會有令人驚喜的成功。假如想要嘗嘗不同咖啡豆的味道,自己動手烘咖啡豆的實驗相當值得。

完美的烘焙

理想上,使用熱風式的烘焙總時間應該落在8～12分鐘。使用鼓式則會烘得較慢一些,大約10～15分鐘,時間的長短取決於使用的批次大小。如果烘出來的咖啡豆嘗起來非常苦,可能是烘得太深了;如果缺乏風味與甜味,可能是烘得太久了;如果嘗起來有尖銳的酸味、草味及澀感,可能是烘焙得太快。大量品嘗與不斷試誤的經驗是必經過程,這能讓你更了解自己的風味偏好所在。

第三章：
咖啡產地

非洲

即便一般認定咖啡的原生地是衣索比亞,但是非洲中部與東部也都種有大量的咖啡樹。來自肯亞、蒲隆地、馬拉威、盧安達、坦尚尼亞與尚比亞的咖啡豆都已建立穩固的外銷市場。各國的咖啡品種與種植技巧也各具特色,提供買家多樣化的選擇。以下各章分別就各國重要咖啡產區進行討論,並根據各產區採收過程、咖啡風味特徵、產銷履歷等做說明。

蒲隆地 BURUNDI

咖啡於1920年代比利時殖民時期來到蒲隆地。1933年起,規定每名農民必須照料至少五十棵咖啡樹。1962年蒲隆地獨立時,咖啡的生產開始轉為私營;到了1972年則隨著政局轉變又轉成公營;1991年開始則又逐漸回到私人經營。

咖啡樹的種植在蒲隆地穩定成長,但1993年的內戰使得產量急遽下降。從那時起,蒲隆地便開始致力於增加咖啡的產量與價值。咖啡產業的投資被視為當務之急,原因在於蒲隆地的經濟因長期內戰已支離破碎。以2011年的統計數字而言,蒲隆地的人均國民所得為全球排名倒數,90%的國民倚賴農耕維持生計。咖啡與茶的總出口量占外匯收入的90%。

如今,咖啡產量逐漸恢復,不過還是無法達到1980年代早期的程度。但蒲隆地咖啡產業的未來依舊充滿希望。全國約有六十五萬戶家庭仰賴咖啡生產為業,因此透過改善咖啡品質以提升收入的各項運動更是有利無弊。不過,政治動盪局勢仍令人憂心忡忡。

蒲隆地的地理環境十分適合種植咖啡。境內多山,擁有適合的海拔高度與氣候。境內並無大型咖啡莊園,主要由眾多的小型農戶生產。這些小型生產者近年來益發具有組織能力,他們多半聚集在境內一百六十家濕處理廠周遭,約有三分之二的濕處理廠屬於國營,其他則為私有,每家濕處理廠平均會處理數百到最多兩千位生產者的咖啡豆。

不同產區內的濕處理廠也會各自組成「SOGESTAL」(Sociétés de Gestion des Stations de Lavage),基本上就是濕處理廠管理協會。協會主要功能是提供區內更好的硬體設備,因此對近年來蒲隆地咖啡品質的提升著實功不可沒。

蒲隆地最好的咖啡都是經由水洗處理法,多半屬波旁種,不過也有其他品種。蒲隆地與鄰國盧安達有許多相似之處;除了類似的海拔高度與咖啡品種,兩國也都屬於內陸國,這也是快速將咖啡生豆在最好狀態下外銷到消費國之阻礙。正如盧安達,蒲隆地的咖啡也容易出現馬鈴薯味缺陷(詳見第147頁)。

產銷履歷

直到近幾年,每個「SOGESTAL」之下的濕處理廠都是混合處理生豆。許多來自蒲隆地的咖啡僅能追溯到各自的「SOGESTAL」,即其原產區。

2008年起,蒲隆地開始朝精品咖啡產業轉型,促使更多採購方式出現,如直接貿易及產地可溯源。2011年,蒲隆地舉辦了咖啡品質競賽「Prestige Cup」,這也是在正式舉辦更具規模的卓越杯(Cup of Excellence)的前導賽。來自各濕處理廠的咖啡豆都具產銷履歷,它們將分別儲存,並依品質排名,最後在拍賣會售出。這也代表來自蒲隆地的獨特與優質咖啡豆將會逐漸在市面出現,對品質的提升極有助益。

風味口感

來自蒲隆地的優質咖啡會帶著複雜的莓果味,以及鮮美如果汁般的口感。

產區

人口：11,179,000人
2016年產量（60公斤／袋）：
351,000袋

蒲隆地國土狹小，因此並沒有明確的產區範圍。只要地理環境與海拔位置恰當，全境都能種植咖啡樹。蒲隆地境內分成不同省分，咖啡園都聚集在濕處理廠周遭。

BUBANZA
此區位於蒲隆地西北部。

海拔： 平均1,350公尺
採收期： 4～7月
品種： 波旁、Jackson、Mibrizi與部分SL系列品種

BUJUMBURA RURAL
位於蒲隆地西部。

海拔： 平均1,400公尺
採收期： 4～7月
品種： 波旁種、Jackson、Mibrizi與部分SL系列品種

BURURI
此省位於蒲隆地西南部，也是三個國家公園的所在地。

海拔： 平均1,550公尺
採收期： 4～7月
品種： 波旁種、Jackson、Mibrizi與部分SL系列品種

CIBITOKE
位於蒲隆地最西北端，與剛果民主共和國為鄰。

海拔： 平均1,450公尺
採收期： 4～7月
品種： 波旁種、Jackson、Mibrizi與部分SL系列品種

GITEGA
位於蒲隆地中部，也是兩個國營乾處理廠的所在地之一。處理廠的主要任務是在外銷前進行最後處理與品管。

海拔： 平均1,450公尺
採收期： 4～7月
品種： 波旁種、Jackson、Mibrizi與部分SL系列品種

KARUZI
位於蒲隆地中部偏西處。

海拔： 平均1,600公尺
採收期： 4～7月
品種： 波旁種、Jackson、Mibrizi與部分SL系列品種

KAYANZA
位於北部，與盧安達相鄰，是蒲隆地境內濕處理廠密度第二高的產區。

海拔： 平均1,700公尺
採收期： 4～7月
品種： 波旁種、Jackson、Mibrizi與部分SL系列品種

KIRUNDO

此產區位於蒲隆地最北端。

海拔：平均1,500公尺
採收期：4～7月
品種：波旁種、Jackson、Mibrizi與
部分SL系列品種

MAKAMBA

位於蒲隆地最南部的省分之一。

海拔：平均1,550公尺
採收期：4～7月
品種：波旁種、Jackson、Mibrizi與
部分SL系列品種

MURAMVYA

位於蒲隆地中部的一個小產區。

海拔：平均1,800公尺
採收期：4～7月
品種：波旁種、Jackson、Mibrizi與
部分SL系列品種

MUYINGA

位於蒲隆地東北部坦尚尼亞邊界。

海拔：平均1,600公尺
採收期：4～7月
品種：波旁種、Jackson、Mibrizi與
部分SL系列品種

MWARO

另一個位於蒲隆地中部的小產區。

海拔：平均1,700公尺
採收期：4～7月
品種：波旁種、Jackson、Mibrizi與
部分SL系列品種

NGOZI

咖啡生產最為密集，位於蒲隆地北
部，全國25%的濕處理廠設立於此。

海拔：平均1,650公尺
採收期：4～7月
品種：波旁種、Jackson、Mibrizi與
部分SL系列品種

RUTANA

位於蒲隆地南部，克茲克山（Mount
Kiziki）之西。區內有一家濕處理廠。

濕處理廠數量：1
海拔：平均1,550公尺
採收期：4～7月
品種：波旁種、Jackson、Mibrizi與
部分SL系列品種

上：蒲隆地咖啡採收工將收成帶到
Kayanza產區的濕處理廠進行處理。

剛果民主共和國
DEMOCRATIC REPUBLIC OF THE CONGO

1881年，咖啡從非洲的賴比瑞亞（Liberia）引進剛果民主共和國。但直到1898年比利時殖民者在此處發現咖啡新品種後，當地咖啡才正式進入農耕產業。雖然剛果民主共和國的歷史紛亂動盪，但如今已堪稱是精品咖啡的明日新星。許多人都對於此產國的未來發展寄予厚望，然而，此地仍須克服種種艱鉅的挑戰。

1898年種植於比利時屬剛果的咖啡樹為卡內佛拉咖啡樹屬，當時的殖民者為宣傳此物種較為堅韌的特性，而命名為「羅布斯塔」（Robusta，詳見第12頁）。當時咖啡產業背後的推動力，源自比利時殖民者殘忍統治下的大型莊園。直到1960年剛果民主共和國獨立前，絕大多數的咖啡都是產自這些地塊，而非小型農地。在此之前，咖啡產業等所有農業都擁有充足的資金支持，該國擁有二十六個農業研究中心，在比屬剛果國家農業研究中心（Institut National pour l'Etude Agronomique du Congo Belge）工作的專家也高達三百位。

1960年的獨立後，源自政府的資金挹注開始縮減。到了1970年代，咖啡種植面積也開始縮小，一部分因為非國民的邊緣化，也有一部分由於基礎建設的缺乏。到了1987年，剛果民主共和國的咖啡生豆僅有14%源自大型莊園，1996年僅剩2%。但是，該國在1970與1980年代歷經了一場咖啡產業崛起，這是由於自由市場的興盛，以及政府在1980年代以降低出口關稅支持咖啡產業。

不過，剛果民主共和國在1990年代度過了艱困的十年，咖啡產業亦是如此。第一次與第二次剛果內戰從1996跨越至2003年，造成咖啡產量下滑，咖啡凋萎病（coffee wilt diseace）使得狀況更為嚴峻。1980年代後期與1990年代早期的高產量到了

下：照片中的男子正在Kivu產區清洗熟成的咖啡果實。多年來，剛果民主共和國的咖啡一直讓國際咖啡市場有些失望，但該國正努力試圖讓咖啡產業復興。

此時近乎直接減半。雖然咖啡凋萎病影響的主要是羅布斯塔，但剛果民主共和國的主要咖啡產量就是源自此物種。

該國的基礎建設依舊是一項艱鉅的挑戰。某些人開始希望咖啡能扮演剛果民主共和國經濟振興的一部分，只要咖啡產業能擺脫近期的破壞。不論是政府與非政府組織都投注大量心力於咖啡產業。外界對於該國產出優質咖啡的潛力之關注也不斷提升。剛果民主共和國部分地區的土壤、海拔與氣候都擁有生產真正傑出咖啡的能力，它們都值得探尋與支持。

產銷履歷

幾乎所有剛果民主共和國的咖啡都產自小型農田聯合的組織或合作社。這些組織都與我們常見的單一大型莊園相當不同，這些莊園產出絕佳咖啡生豆的可能性也較低。

風味口感

剛果共和國的最佳咖啡擁有清亮的果香，不僅香甜，更擁有令人相當享受的豐厚口感。

下：一袋袋剛果咖啡生豆正等著出口，此照片攝於1911年。當時該國正處於比利時殖民統治。

咖啡種類
- 阿拉比卡
- 羅布斯塔

產區

產區

人口：82,243,000人

2016年產量（60公斤／袋）：
335,000袋

剛果民主共和國部分產區近乎全數種植羅布斯塔，有的則幾乎盡數種植阿拉比卡，少數產區是兩者混種。

KIVU

此產區涵蓋三個省分，分別是北基伏（Nord-Kivu）、南基伏（Sud-Kivu）與馬涅馬（Maniema），三個省分皆圍繞著基伏湖，該產區也以此命名。較高海拔之處產有剛果民主共和國最佳咖啡，主要為阿拉比卡。此產區咖啡值得一尋。

海拔：1,460～2,000公尺
採收期：10～9月
品種：主要為波旁

ORIENTAL

該國東部地區也種有少量阿拉比卡，但此產區主要種植的是羅布斯塔。

海拔：1,400～2,200公尺
採收期：10～9月
品種：羅布斯塔、波旁

KONGO CENTRAL

也就是該國的舊省下剛果（Bas-Congo），位於該國的最西端，產有少量咖啡，但皆為羅布斯塔。

採收期：3～6月
品種：羅布斯塔

EQUATEUR

此產區也是剛果民主共和國的大型產區，位於西北部。主要種植羅布斯塔。

採收期：10～1月
品種：羅布斯塔

右：照片中的女子正前往靠近基伏湖的咖啡農田。基伏高地（Highlands of Kivu）的阿拉比卡曾是享譽國際的優質咖啡生豆。

衣索比亞 ETHIOPIA

衣索比亞可能是所有咖啡生產國最引人注意的一個。除了境內生產獨特而出眾的咖啡,與當地咖啡相關的神秘傳說更增添其魅力。帶著奔放花香與果香的衣索比亞咖啡讓許多咖啡從業人員對咖啡風味的多樣化大開眼界。

衣索比亞是公認的咖啡發源地,不過這句話得加上一些備註。因為阿拉比卡最初很有可能是在南蘇丹發現,卻一直到擴展至衣索比亞時才逐漸蓬勃發展。這裡的人開始把咖啡果實當做水果食用,因此一開始並非一種飲品。葉門是第一個把咖啡樹當做作物的國家,但衣索比亞在更早之前便已有採集野生咖啡果實的習慣。

可能最早在1600年代咖啡便自衣索比亞輸出,這時正是咖啡館在葉門與中東各處出現之時。當時的歐洲商人即使想要購買都會遭到斷然拒絕。隨著咖啡開始種在葉門、爪哇島及美洲後,衣索比亞咖啡熱潮便開始消退。當時的衣索比亞咖啡其實來自 Kaffa 與 Buno 產區的野生咖啡樹,而非咖啡園。

衣索比亞的咖啡生產系統

衣索比亞咖啡可依種植方式分為以下三類：

森林咖啡

這類野生咖啡樹多半生長在衣索比亞的西南部，周遭通常被眾多具蔭蔽功能的植物圍繞，咖啡樹本身也是多個品種混合種植。繁殖力與產量不如其他人工選育的高產量品種。

庭院咖啡

這類咖啡樹通常種植在人畜居所的周遭，天然蔭蔽物較少，對這類蔭蔽樹叢的管理也較為積極，例如頻繁整枝，使咖啡樹不致過度遮蔽。許多生產者會施肥。衣索比亞咖啡多屬此類型。

大型農場咖啡

這類咖啡來自種植密集的大型農地。採用標準化農耕方式，包括整枝、腐土覆蓋，會加以施肥，並選用高抗病力品種。

上：衣索比亞一直是公認的咖啡發源地。照片攝於衣索比沃洛省（Wollo）的拉利貝拉鎮（Lalibella），一名女子正進行一項古老的咖啡儀式。

衣索比亞咖啡再度受到矚目一直要到了1800年代早期。歷史文獻記載當時自Enerea（今衣索比亞）輸出一萬公斤的咖啡。到了十九世紀，衣索比亞咖啡已有兩種不同等級：種植於小鎮哈勒爾（Harari）四周的Harari咖啡，以及生長在此區域之外的野生咖啡，稱為Abyssinia咖啡。也正因如此，來自Harrar的咖啡豆長久以來聲望較高，不但廣受歡迎且以高品質著稱（但不盡然如此）。

1950年代是衣索比亞咖啡產業制度擴張的時代，當時也出現了新的分級系統。1957年，衣索比亞咖啡委員會（National Coffee Board of Ethiopia）成立。不過，當海爾 · 塞拉西一世（Emperor Haile Selassie）政府在1970年代被推翻後，情況開始出現改變。此政變並非由農民發起，而是由厭倦了饑荒與政治衝突的菁英階層所推動。真空的權力隨後由受到社會主義強烈影響的軍方補上。

在此之前，衣索比亞一直處於鎖國狀態，政府採行類似封建制度的系統。新做法之一包括土地重新分配，政府也立即展開土地國有化的重整行動。有些人認為這種做法對人民相當有利，使偏遠貧農的收入增加近50%。嚴格的馬克思主義不允許土地私有或雇用勞工，也對咖啡產業造成至為深遠的影響。大規模農耕方式被捨棄，衣索比亞又回到原本採集野生咖啡的時代。1980年代饑荒頻傳，近八百萬人受到影響，更造成其中一百萬人死亡。

邁向民主

1991年，衣索比亞人民革命民主陣線推翻了軍政府。隨之而來的是一連串自由運動，國家也開始

衣索比亞咖啡工廠中，咖啡豆的分級是由照片中這些女子以人工方式進行。衣索比亞咖啡豆的風味相當廣泛，原因在於不同產區所擁有的氣候差異。

走向民主。衣索比亞進入國際市場，不過這也帶來了市場價格的波動。咖啡農面對的是起伏極大且無法被控制的市場價格，這促使共同合作社的興起，得以提供會員在資金、市場訊息與運輸方面的協助。

衣索比亞農作物交易平臺

衣索比亞咖啡產業近年來最大的變革，正是2008年成立的衣索比亞農作物交易平臺（Ethiopian Commodity Exchange, ECX），引起精品咖啡買家極大的關注。衣索比亞農作物交易平臺涵蓋多種農作物，旨在促使交易系統更有效率，並保護賣家與買家的權益。不過，對於想購買風味獨特且具產

右：過去，咖啡豆的來源很難追溯，現今品質與產地資訊變得較為透明化。這使消費者得以了解咖啡的出處與採收方式，進而做出明智的選擇。

產區

人口：102,374,000人
2013年產量（60公斤／袋）：
6,600,000袋

衣索比亞產區名稱在咖啡產業算是最具知名度的，現今在銷售時也廣泛使用，在可見的未來相信也不會有所改變。此地原生及野生阿拉比卡咖啡所擁有的基因潛能也使衣索比亞咖啡產業未來發展值得期待。

SIDAMA

衣索比亞政府為了加強推廣境內咖啡的獨特性，在2004年將三個產區名稱申請專利；Sidama便是其中之一（另外兩個為Harrar與Yirgacheffe）。此產區的咖啡多是混合水洗與日曬處理的咖啡，相當受到喜好果味十足且香氣豐富的咖啡迷歡迎。

該產區名稱源自Sidama原住民族群，但此區的咖啡也經常用「Sidamo」稱呼。近年來，出現部分反對「Sidamo」名稱的抗爭，因為此名詞帶有貶抑之意。然而，此名稱已經如同眾人熟知的招牌，也已深植咖啡產業許久。因此，「Sidama」與「Sidamo」都可以代稱為此產區的咖啡。此產區擁有數處衣索比亞海拔最高的咖啡農地。

海拔：1,400～2,200公尺
採收期：10～1月
品種：原生品種

LIMU

即便名聲不如Sidama與Yirgacheffe，此產區依舊產有不少出色的咖啡。此區生產者規模多半較小，卻有幾座國營的大型咖啡莊園。

海拔：1,400～2,200公尺
採收期：11～1月
品種：原生品種

JIMA

多數衣索比亞咖啡都產於位於西南部的這個產區，近來因其他產區興起因而相形失色，但絕對值得一探究竟。本區名稱也能寫成「Jimmah」、「Jimma」或「Djimmah」。

海拔：1,400～2,000公尺
採收期：11～1月
品種：原生品種

銷履歷咖啡的買家，此制度卻讓他們受到很大的挫折。這些咖啡送到衣索比亞農作物交易平臺的倉庫後，會以數字 1 ～ 10 標示水洗咖啡產區來源。所有經日曬處理的咖啡都會標上數字 11，之後會依品質的不同分 1 ～ 9 級，或以 UG 表示未分級。

此程序使得在進入拍賣會之前的原產地資訊消失了，但好處是農民確實比過去更早得到販售咖啡豆的款項。這樣的系統也規範了哪類咖啡可以販售到國際市場，同時合約的財務透明化也順勢提高。如今，在衣索比亞農作物交易平臺體制之外運作的交易機會更多，消費者因此能在國際市場上買到更多高品質且具產銷履歷的咖啡。

產銷履歷

來自單一莊園的衣索比亞咖啡並不是沒有，只是相對較少。產銷履歷多半可追溯到特定共同合作社。不過，烘豆業者很可能自衣索比亞農作物交易平臺買到咖啡，雖然少了產銷履歷，但通常表現同樣出色。這類咖啡風味多半妙不可言，我的建議是找到一家你喜愛的咖啡烘焙業者，向他們詢問最優質的咖啡豆。

風味口感

衣索比亞咖啡的風味口感十分多樣化，由如佛手柑（bergamot）等柑橘香氣、花香到糖漬水果甚至熱帶水果香味都有。最佳的水洗咖啡可能表現出優雅、複雜而美味的風味，而最佳的日曬處理咖啡則會呈現出奔放的果香與迷人的獨特香氣。

GHIMBI/LEKEMPTI

圍繞著金比（Ghimbi）與列坎普提（Lekempti）兩城的產區名稱常合併出現。咖啡烘焙業者可以擇一使用或兩者兼用。列坎普提是此產區的首府，但是使用此名稱的咖啡豆卻可能來自 100 公里以外的金比城。

海拔：1,500 ～ 2,100 公尺
採收期：2 ～ 4 月
品種：原生品種

HARRAR

此區圍繞在小鎮哈勒爾（Harrar）周遭，是衣索比亞歷史最為悠久的咖啡產區之一。來自本地的咖啡風味相當獨特，多半種在需要額外人工灌溉的區域。此產區長久以來維持良好聲譽，即便經過日曬處理過後的咖啡風味可能稍嫌不夠純淨，從帶著猶如木頭味般的土壤氣息，到明顯的藍莓果香。此區咖啡風味相當特出，常令咖啡從業人員記憶深刻，許多人認定這是讓杯中豐富風味大開眼界的咖啡產區。

海拔：1,500 ～ 2,100 公尺
採收期：10 ～ 2 月
品種：原生品種

YIRGACHEFFE

此產區的咖啡可說無比獨特。眾多來自這裡的水洗咖啡都帶著爆炸性的香氣、豐富的柑橘與花香氣息，口感清淡優雅，毫無疑問地，這裡是最棒且最有趣的咖啡產區之一（可想而知，此地最佳的咖啡也價格不斐）。對不少人來說，這些咖啡喝起來更像伯爵茶，絕對值得一試。此區也有日曬處理的咖啡豆，口感獨特而美味。

海拔：1,750 ～ 2,200 公尺
採收期：10 ～ 1 月
品種：原生品種

肯亞 KENYA

即便鄰國衣索比亞被視為咖啡的發源地，肯亞的咖啡產業發展卻相對較晚。最早關於咖啡進口的文獻是1893年法國傳教士自留尼旺島帶入咖啡樹的紀載，一般相信那是波旁種咖啡。第一批咖啡豆收成是在1896年。

最初咖啡是在英國殖民統治下種植於大型莊園，收成的咖啡豆則運到倫敦銷售。1933年咖啡法令通過，肯亞咖啡委員會成立，進而將咖啡銷售事務搬遷回肯亞。1934年拍賣系統建立，至今依舊運作。隔年，用以幫助改善咖啡品質的分級制度的草案正式擬定。

下：肯亞女子頭頂著剛採收完的成熟咖啡，準備送去進行下一步的篩選與處理。

1950年代早期，肯亞茅茅起義（Mau Mau uprising）政變發生不久後，政府通過一項農業法案，使每個家庭得以增加農地所有權，除了自給自足，也能種植經濟作物以便增加額外的收入。此法案又名「斯溫納頓計畫」（Swynnerton Plan），以農業部官員命名。這也是咖啡生產由英國交接到肯亞的開始。小規模農耕所帶來的效果顯著，總收入自1955年的五百二十萬英鎊，提高到1964年的

一千四百萬英鎊，其中55%的成長歸功於咖啡生產。

肯亞在1963年獨立，現今已能生產出各式不同種類、品質極高的咖啡。肯亞在咖啡研究與發展方面皆有長足進步，許多農民都具備高度專業的生產知識。肯亞的咖啡競標系統，也應該有助於使重視品質的生產者獲得更優渥的價格，不過，正是因為想買到優異咖啡的買家通常必須附出相對高價，拍賣系統的貪腐狀況反而使農民無法得到應有的回饋。

分級

所有肯亞的外銷咖啡不論是否具有產銷履歷，都使用相同的分級制度。正如其他許多國家，肯亞的分級也是以咖啡豆大小與品質為標準，對咖啡豆大小有明確的規定，某種程度也被視為與品質優劣有直接關係。雖然此理論基本上是正確的，例如AA級通常為頂級豆，但我不久前品嘗過一批AB級豆，其複雜度與品質都高於許多AA級豆。

E：即「象豆」，尺寸超大，產量相對較少。

AA：較為常見的等級，咖啡豆尺寸較大，顆粒大小高於18目（詳見第40頁）或7.22公釐。這類豆子通常可以獲取最高的價格。

AB：此等級咖啡豆是將A（顆粒大小為16目或6.80公釐）與B（顆粒大小為15目或6.20公釐）合併。占肯亞咖啡年產量約30%。

PB：針對小圓豆的分級。小圓豆即為咖啡果實僅長出一顆種籽，而不是常見的兩顆。

C：此分級低於AB級，在高品質咖啡中少見。

TT：更低的等級，多半包含從AA、AB與E級豆移除的小型豆。若以密度做篩選，最輕的豆子通常為TT等級。

T：最低的等級，通常是由咖啡屑與殘破的豆子組成。

南蘇丹 SOUTH SUDAN
衣索比亞 ETHIOPIA
烏干達 UGANDA
索馬利亞 SOMALIA
肯亞 KENYA
坦尚尼亞 TANZANIA
印度洋
Lake Turkana
Turkwel
GREAT RIFT VALLEY
TRANS-NZOIA
MT. ELGON
BUNGOMA
NAKURU
Kisumu
Lake Victoria
Nakuru
KISII
MURANG'A
KIAMBU
NAIROBI
THIKA
Mt Kenya
NYERI
MERU
EMBU
KIRINYAGA
Thika
Kitui
MACHAKOS
Marsabit
Garissa
Tana
Athi
Galana
TAITA TAVETA
Mombasa

主要咖啡產區

0 哩 100
0 公里 100

MH ／ ML：這兩個縮寫代表的是「Mbuni Heavy」與「Mbuni Light」。「Mbuni」意思是經日曬處理的咖啡豆。這類豆子被認為品質較低，通常帶有不熟或過熟的咖啡豆，售價也相當低。此等級占肯亞年產量約7%。

產銷履歷

肯亞咖啡由大型莊園或小農種植，小農咖啡會在採收後送往當地的濕處理廠後製處理。這表示要得到可追溯性高的單一莊園很容易，但是近年來越來越多高品質的咖啡其實來自小農。來自特定濕處理廠的咖啡豆通常會標示顆粒大小等級（如AA），不過同一批咖啡豆卻可能來自上百個小農。這類濕處理廠在咖啡豆成品品質方面扮演重要角色，因此這些咖啡也很值得仔細尋求。

肯亞大型咖啡園的鳥瞰景象。肯亞的咖啡豆來自
境內多處，品質高而穩定，生產者包括大型莊園
及小農。

產區

人口：48,460,000人

2016年產量（60公斤／袋）：
783,000袋

肯亞中部產有境內為數最多的咖啡，品質最佳的也同樣來自此處。肯亞西部的Kisii、Trans-Nzoia、Keiyo與Marakwet等產區也開始受到注意。

NYERI

位於肯亞中部的Nyeri產區也是死火山肯亞山（Mt Kenya）的所在地。此區的紅土孕育出肯亞最佳的咖啡。農業在此極為重要，咖啡則是其中最主要的農作物。由小農組成的共同合作社比大型莊園普遍。此區一年有兩次收成，但主產季通常品質較高。

海拔：1,200～2,300公尺
採收期：10～12月（主產季）、6～8月（副產季）
品種：SL-28、SL-34、Ruiru 11、Batian

MURANG'A

隸屬中央省的此區約有十萬咖啡農。此內陸產區是首批傳教士選擇定居之處，因為葡萄牙人禁止他們在海岸地區居住。這也是另一個受益於火山土壤的產區，咖啡小農數量多於莊園。

海拔：1,350～1,950公尺
採收期：10～12月（主產季）、6～8月（副產季）
品種：SL-28、SL-34、Ruiru 11、Batian

KIRINYAGA

Nyeri產區的東鄰，此產區同時也受益於火山土壤。咖啡通常是由小農製造，濕處理廠也生產不少品質極高的咖啡，十分值得一試。

海拔：1,300～1,900公尺
採收期：10～12月（主產季）、6～8月（副產季）
品種：SL-28、SL-34、Ruiru 11、Batian

EMBU

靠近肯亞山的此產區名稱源自恩布城（Embu）。約莫70%人口都從事小規模農耕，產區內最受歡迎的經濟作物為茶與咖啡。幾乎所有咖啡都來自小農，此產區產量相對較小。

海拔：1,300～1,900公尺
採收期：10～12月（主產季）、6～8月（副產季）
品種：SL-28、SL-34、Ruiru 11、Batian、K7

MERU

此產區咖啡多數為小農種植，約在肯亞山麓及尼亞貝內（Nyambene）丘陵一帶。名稱指的是此產區與居住在此地的梅魯人（Meru）。1930年代，他們是最早開始生產咖啡的肯亞人，這是因1923年所簽署的白皮書（Devonshire White Paper），當中保證在肯亞的非洲裔人士權益之重要性。

海拔：1,300～1,950公尺

風味口感

肯亞咖啡以鮮明而複雜的莓果與水果味著稱，同時帶著甜美氣息與密實的酸度。

肯亞咖啡品種

肯亞有兩個品種特別吸引精品咖啡業者的注意，即SL-28與SL-34。這是由SL實驗室（Scott Laboratories）的蓋·吉布森（Guy Gibson）領導的研究計畫所得出的四十個實驗品種之二。它們占肯亞高品質咖啡產量的絕大多數，不過這些品種容易得到葉鏽病。肯亞在發展對葉鏽病具抵抗力的品種方面不遺餘力。Ruiru 11是第一個被肯亞咖啡委員會核可成功的品種，雖然精品咖啡買家對此品種態度冷淡。近來委員會推出另一個名為Batian的品種。有鑑於Ruiru 11在杯測上令人失望的表現，眾人對Batian的品質也有所質疑。不過Batian的品質似乎有所改進，眾人對其未來的杯測表現也持樂觀的態度。

採收期：10～12月（主產季）、6～8月（副產季）

品種：SL-28、SL-34、Ruiru 11、Batian、K7

KIAMBU

這個位於肯亞中部的產區以大型咖啡莊園為主。不過，因都市化的緣故，莊園數目開始減少，地主認為將土地轉賣給建商更容易獲利。來自此區的咖啡通常以產地為名，例如Thika、Ruiru與Limuru。其中許多莊園是跨國企業擁有，這也意味著咖啡多半為機械化採收，在此，產量比品質來得重要。不過區內也有為數不少的小農。

海拔：1,500～2,200公尺

採收期：10～12月（主產季）、6～8月（副產季）

品種：SL-28、SL-34、Ruiru 11、Batian

MACHAKOS

這是個相對較小的郡，位於肯亞中部，名稱源自Machakos鎮。咖啡種植在此則是莊園與小農兼具。

海拔：1,400～1,850公尺

採收期：10～12月（主產季）、6～8月（副產季）

品種：SL-28、SL-34

NAKURU

這個位於肯亞中部的產區擁有區內最高海拔的咖啡種植區。不過某些位於高海拔的咖啡樹則會得到梢枯病（dieback）進而停止生長。此產區以納庫路鎮（Nakuru）為名。咖啡種植在此則是莊園與小農兼具，不過產量相對較少。

海拔：1,850～2,200公尺

採收期：10～12月（主產季）、6～8月（副產季）

品種：SL-28、SL-34、Ruiru 11、Batian

KISII

此產區位於肯亞西南部，離維多利亞湖（Lake Victoria）不遠，是個相對較小型的產區，多數咖啡都來自由小型生產者組成的共同合作社。

海拔：1,450～1,800公尺

採收期：10～12月（主產季）、6～8月（副產季）

品種：SL-28、SL-34、藍山、K7

TRANS-NZOIA, KEIYO & MARAKWET

這個位於肯亞西部的小型產區近年來開始有所發展。埃爾貢山（Mount Elgon）提供了一定的海拔高度，多數咖啡來自莊園。咖啡種植通常是為了使原本僅有玉米田或與乳製品的農場變得更為多樣化。

海拔：1,500～1,900公尺

採收期：10～12月（主產季）、6～8月（副產季）

品種：Ruiru 11、Batian、SL-28、SL-34

馬拉威 MALAWI

咖啡約莫是在1800年代晚期引進馬拉威。某則傳說是由一位名為約翰·布坎南（John Buchnan）的蘇格蘭傳教士，在1878年自愛丁堡植物園帶來一株咖啡樹。一開始是在馬拉威南部布蘭泰爾（Blantyre）扎根，到了1900年代，咖啡產量已達到1,000噸。

儘管咖啡生產最初表現得出類拔萃，不久後卻一敗塗地。原因在於土壤、病蟲害與疾病方面的管理不善，再加上巴西咖啡崛起，馬拉威因而失去競爭力。

二十世紀初，大型咖啡莊園少有由非洲人擁有，因為當時馬拉威是英國殖民地。不過，1946年開始興起共同合作社，到了1950年代，當地咖啡產量已有長足的發展。即便前景看好，共同合作社卻在1971年因政治因素而解體。馬拉威咖啡產量的巔峰時期在1990年代，當時每年產量為7,000噸，自此之後每年約縮減1,500噸。

即便是內陸國，馬拉威卻擁有強大的農業出口經濟。就咖啡而言，原因之一可能在於少了政府對外銷的干預，使賣家與買家得以直接建立聯繫。不過，長久以來馬拉威咖啡生產的優先考量一直不是品質，咖啡等級僅分Grade 1與Grade 2。但，近年來開始有朝向非洲普遍使用類似AA分級制度發展的趨勢。

馬拉威的咖啡品種呈現兩極化。境內種有許多在中美洲廣受矚目的給夏品種；此外，對疾病有抵抗力的卡帝莫（Catimor）也遍布各處，不過通常品質較差。

產銷履歷

馬拉威南部的咖啡種植地通常是大規模的商業莊園，中部與北部則為小型咖啡農地。因此，咖啡可能得以回溯至小農或特定生產者團體。一般而言，兩者都可能產出優異咖啡。

風味口感

馬拉威咖啡的風味多半相當甜美純淨，不過少有如同其他東非咖啡產區那般具爆發性的果香與複雜度。

人口：18,090,000人
2016年產量（60公斤／袋）：
18,000袋

馬拉威的咖啡少以產地區分，咖啡產區可視為種植咖啡的區域，而非以當地產區風土或微氣候做為界定範圍。

CHITIPA DISTRICT

此為馬拉威幾個聲譽極佳的咖啡產區之一。鄰近松威河（Songwe River），也是馬拉威與北鄰坦尚尼亞的天然國界。此產區亦是規模極大的Misuku Hills共同合作社之所在地。

海拔：1,700～2,000公尺
採收期：4～9月
品種：Agaro、給夏、卡帝莫、蒙多諾沃、卡杜拉

RUMPHI DISTRICT

位於北部的此區鄰近尼卡國家公園（Nyika National Park）東部的馬拉威湖。不少生產者位於此處，像是Chakak、Mphachi、Salawe、Junji與VunguVungu。Phoka Hills與Viphya North兩個共同合作社也位在這裡。

海拔：1,200～2,500公尺
採收期：4～9月
品種：Agaro、給夏、卡帝莫、蒙多諾沃、卡杜拉

NORTH VIPHYA

此產區涵蓋部分北維皮亞高原（North Viphya Plateau），與Nkhata Bay Highlands產區的分界是利祖克胡米（Lizunkhumi）河谷。

海拔：1,200～1,500公尺
採收期：4～9月
品種：Agaro、給夏、卡帝莫、蒙多諾沃、卡杜拉

SOUTHEAST MZIMBA

此產區以姆津巴（Mzimba）市命名，區內有不少河谷與河川流經。

海拔：1,200～1,700公尺
採收期：4～9月
品種：Agaro、給夏、卡帝莫、蒙多諾沃、卡杜拉

NKHATA BAY HIGHLANDS

此產區位於區首府姆祖祖（Mzuzu）市之東。

海拔：1,000～2,000公尺
採收期：4～9月
品種：Agaro、給夏、卡帝莫、蒙多諾沃、卡杜拉

下：馬拉威的咖啡在境內屬於相當強勢的農業外銷產品，多數咖啡的來源都可以追溯至單一農場。

盧安達 RWANDA

咖啡是由德國傳教士於1904年帶入盧安達,不過,盧安達的咖啡產量直到1917年才足以外銷。第一次世界大戰後,國際聯盟託管委員會撤銷德國對盧安達的殖民權,並將託管權轉交給比利時,因此一直以來盧安達的咖啡都是外銷到比利時。

盧安達的第一棵咖啡樹是種植在尚古古省(Cyangugu)的米比里濟(Mibirizi)修道院,此地也成為第一個盧安達咖啡品種的名稱,此為波旁種的自然變種(詳見第148頁)。咖啡種植隨後逐漸擴張到Kivu產區,最後延伸到盧安達全國。到了1930年代,咖啡開始成為生產者必備的農作物,正如比利時另一個殖民地蒲隆地的景況。

比利時政府嚴格控管外銷並對咖啡農抽取高稅金,逼使盧安達走向高產量、低品質的低價咖啡生產。正因為盧安達的外銷出口量極小,咖啡對農民的影響力與重要性相對過大。盧安達的基礎設施相當有限,因此要生產優質咖啡並不容易;境內甚至沒有咖啡濕處理廠。

到了1990年代,咖啡已成為盧安達最值錢的外銷農產品,卻也發生了幾乎摧毀咖啡產業的災難。1994年的種族滅絕事件使得近一百萬人喪生,加上全球咖啡價格驟降,對咖啡產業造成莫大的衝擊。

咖啡產業與盧安達復甦

種族滅絕事件過後,咖啡的生產為盧安達整體復甦帶來了正面影響。當時,全球聚焦於盧安達,再加上國外的援助,咖啡產業開始得到極大的重視。境內有了新的濕處理廠,人們開始專注於高品質咖啡的生產。政府對咖啡產業的態度更為開放,全球精品咖啡買家也對此地的咖啡產生無比興趣。盧安達是非洲唯一舉辦過卓越杯競賽的國家,藉由卓越杯的線上競標系統,買家能找到最優異的咖啡批次,進而推廣到市面上。

境內第一間濕處理廠在美國展望會(USAID)的協助下興建於2004年,之後更如雨後春筍般出現。至今,盧安達已約有三百家濕處理廠。

盧安達農業促進聯合夥伴計畫(PEARL)也成功地分享知識並訓練出年輕的農藝學家,此計畫最後進一步轉變為促進農鄉企業發展永續夥伴計畫(SPREAD),兩項計畫的重心都擺在Butare產區。

盧安達被稱為「千丘之國」,境內擁有得以種植出優異咖啡的緯度與氣候。但因多處土壤貧瘠化,再加上運輸困難,大大增加了生產成本。

主要咖啡產區

烏干達 UGANDA

剛果民主共和國
DEMOCRATIC REPUBLIC
OF THE CONGO

坦尚尼亞
TANZANIA

NYAGATERE

Byumba

GAKENKE

Gisenyi

RULINDO

KAYONZA

盧安達 RWANDA
KIGALI

RUTSIRO

KAMONY

Rwamagana

Lake
Kivu

Kibuye

Gitarama

RWAMAGANA

KARONGI

RUHANGO

NGOMA

KIREHE

NYAMASHEKE

Nyanza

NYAMAGABE

HUYE

Cyangugu

Butare

蒲隆地
BURUNDI

坦尚尼亞
TANZANIA

0 ———— 哩 ———— 30

0 ———— 公里 ———— 30

上：Butare 產區的咖啡濕處理廠，工作人員不斷撥動咖啡果實，使去果皮機得以將咖啡豆與果肉分離。

當咖啡價格在 2010 年升高時，盧安達（以及許多其他國家）的咖啡產業在提升品質方面面臨了極大挑戰，這是因為當市場願意以高價購買咖啡時，即使是低品質的咖啡都有辦法獲利，如此一來，咖啡農便找不到花錢提升品質的理由。然而，近年來盧安達的咖啡都優異無比。

盧安達一樣種有並外銷一小部分的羅布斯塔，但是多數都是經水洗處理法的阿拉比卡。

馬鈴薯味缺陷

這類特別且不常見的咖啡劣質氣味僅出現於蒲隆地與盧安達咖啡，源自於一種不知名細菌侵入咖啡果皮而產生的毒素。此毒素對人體並沒有傷害，但是當這類有缺陷的咖啡豆經烘培並磨粉後，會產生一種容易辨認且強烈的怪異氣味，讓人直接聯想起削馬鈴薯皮時的味道。僅有少數特定幾顆咖啡豆會受此影響，因此若能找到這幾顆咖啡豆，便表示不至於整袋咖啡都會受影響，除非咖啡皆已磨成粉。

想要完全根除這個氣味並不容易。一旦採收後的處理過程結束，這樣的氣味就無法辨識，在咖啡烘培前也沒辦法發現此問題。即使是烘培後，仍必須等到缺陷豆磨成粉才能發現。咖啡果實在後製處理過程中，可從果皮是否破裂找出可能受到感染的果實。研究人員正多方找尋消除此缺陷的方式。

產銷履歷

盧安達咖啡多半可以追溯至濕處理廠,以及不同的咖啡農團體和共同合作社。每名咖啡生產者平均僅有一百八十三棵樹,因此要追溯回單一生產者是不可能的。

風味口感

產自盧安達的優異咖啡多半帶著新鮮果香,讓人聯想起紅蘋果與紅葡萄。莓果味與花香也十分常見。

當地品種

Mibirizi

此名稱源自一間盧安達修道院,當初正是此地從瓜地馬拉取得波旁種咖啡樹。Mibirizi是波旁的自然變種,在此修道院被發現。最初生長在盧安達,之後在1930年代延伸至蒲隆地。

Jackson

另一個波旁變種,最初一樣生長在盧安達,之後拓展至蒲隆地。

產地

人口：11,920,000人

2016年產量（60公斤／袋）：
220,000袋

咖啡在盧安達全境都有栽種，因此並沒有地理產區的限制。咖啡烘培者在標示時，可以使用區域名稱再加上濕處理廠或咖啡農團體名。

上：工人正將咖啡生豆平鋪在臺面，以便在未來五天進行風乾，為烘豆或外銷做準備。

南部與西部產區

盧安達不少優異的咖啡均來自此產區。咖啡豆的生產特別集中在多山的南部省胡耶區（Huye）、尼亞瑪加貝區（Nyamagabe），以及基伏湖畔的尼瑪榭克區（Nyamasheke）。

海拔：1,700 ～ 2,200公尺
採收期：3 ～ 6月
品種：波旁、Mibirizi

東部產區

盧安達東部的海拔不如境內其他區域，但是位於最東北邊的東部省恩格瑪區（Ngoma）與尼亞加塔雷區（Nyagatare）則產有不少優質咖啡。

海拔：1,300 ～ 1,900公尺
採收期：3 ～ 6月
品種：波旁、Mibirizi

坦尚尼亞 TANZANIA

在咖啡的口述歷史中，咖啡在十六世紀自衣索比亞傳入坦尚尼亞。哈亞人（Haya）將「哈亞咖啡」（Haya Coffee）或「amwani」帶入坦尚尼亞，此時的咖啡或許是羅布斯塔，而咖啡自此也成為此地文化密不可分的一環。成熟的咖啡果實會被煮過，經過多日燻烤後，人們會用來咀嚼而非沖煮。

最初，咖啡在德國殖民統治時成為坦尚尼亞（前身為坦干伊喀）的經濟作物。到了1911年，殖民政府明令在布可巴（Bukoba）地區開始種植阿拉比卡咖啡樹，但種植方式與哈亞人的傳統做法大不相同，哈亞人因此不願以咖啡樹取代糧食作物。即使如此，此區的咖啡產量依舊有所提升。境內其他區域對咖啡種植較不熟悉，因此反對聲浪較小。住在吉力馬札羅山（Mount Kilimanjaro）周遭的恰加部落（Chagga）在德國人全面禁止奴隸買賣後，便將農作物全數改為咖啡。

一戰之後，此區的管理權轉移到英國人手中。他們在布可巴地區種下超過一千萬株咖啡苗，但同樣也與哈亞人產生衝突，結果通常是樹苗被連根拔起。因此，相較於恰加部落地區，此地的咖啡產業並沒有顯著的成長。

不過，第一個共同合作社在1925年成立了「吉力馬札羅山原耕者協會」（Kilimanjaro Native Planters' Association, KNPA）。第一批數個共同合作社的會員生產者因此有機會直接銷售到倫敦，進而獲取更好的售價。

坦尚尼亞在1961年獨立後，政府將重心擺在咖啡產業，試圖在1970年之前達到將咖啡產量雙倍成長的目標，不過此計畫並沒有實現。歷經了產業低成長、高度通貨膨脹與經濟蕭條後，坦尚尼亞成為多黨民主政權。

1990年代早、中期，咖啡產業進行了一連串的改革。咖啡生

烏干達 UGANDA

Lake Victoria

KAGERA

Bukoba

TARIME

肯亞 KENYA

盧安達 RWANDA

Mwanza

NGORONGORO

ARUSHA

Arusha

△ Mt Kilimanjaro

蒲隆地 BURUNDI

KASULA (KIGOMA)

OLDEANI

Kigoma

坦尚尼亞 TANZANIA

KILIMANJARO (USAMBARA)

DODOMA

Zanzibar

Lake Tanganyika

Mpanda

MOROGORO

Dar es Salaam

剛果民主共和國 DEM. REP. CONGO

IRINGA

Iringa

Rufiji

印度洋

Lake Rukwa

尚比亞 ZAMBIA

Mbeya

MBEYA

Lake Malawi

MBINGA

Songea

馬拉威 MALAWI

咖啡種類

阿拉比卡

羅布斯塔

0　　　哩　　　200

0　公里　200

莫三比克 MOZAMBIQUE

次頁：這座在坦尚尼亞姆威卡（Mwika）新建的咖啡園，抬頭便能仰望吉力馬札羅山，園中盡是最近剛種下的年輕咖啡樹。

上：一名工人正在坦尚尼亞恩戈羅恩戈羅火山口（Ngorongoro Crater）附近的咖啡廠篩選著乾燥的咖啡豆。境內的咖啡豆幾乎全數由小農採收。

產者比較能直接銷售給買家，而非全數透過國立咖啡行銷委員會。1990年代末期，咖啡產業遭受嚴重打擊，咖啡凋萎病蔓延境內四處，使得烏干達北部邊界一帶的咖啡樹數量大減。時至今日，坦尚尼亞的咖啡產量有七成為阿拉比卡，三成為羅布斯塔。

產銷履歷

坦尚尼亞90%的咖啡產自四十五萬民小農，其他10%則來自較大的莊園。想要追溯咖啡源頭至農民的共同合作社及濕處理廠是可能的，倘若是莊園咖啡，則能找到源起的單一咖啡園。近年來，我嘗過的優質咖啡都來自莊園，我會建議先從這類咖啡開始找起。

分級

坦尚尼亞使用的是稱為英式命名法的分級，相當類似肯亞（詳見第138頁）。等級包括AA、A、B、PB、C、E、F、AF、TT、UG與TEX。

風味口感

口感複雜，酸度清新鮮活，多半帶著莓果與水果香氣。坦尚尼亞咖啡通常鮮美、有趣而可口。

人口：55,570,000人

2016年產量（60公斤／袋）：
870,000袋

坦尚尼亞產有不少羅布斯塔咖啡，不過多集中於西北部靠近維多利亞湖周遭。其他產區多半是由海拔高度來界定。

KILIMANJARO

這是坦尚尼亞最古老的阿拉比卡咖啡產區，因此此區發展產區國際聲望的歷時確實最悠久。因為綿長的咖啡產業歷史，此地的基礎設備也較佳，不過不少咖啡樹都相當高齡，因此產量較低。近來有其他農作物逐漸取代咖啡的趨勢。

海拔：1,050 ～ 2,500公尺
採收期：7 ～ 12月
品種：肯特、波旁、帝比卡、帝比卡
　　　　／ Nyara

ARUSHA

此產區與吉力馬札羅山周遭產區相鄰，兩地有不少相似處。此產區圍繞在自1910年起便毫無動靜的梅魯火山（Mount Meru）附近。

海拔：1,100 ～ 1,800公尺
採收期：7 ～ 12月
品種：肯特、波旁、帝比卡、帝比卡
　　　　／ Nyara

RUVUMA

此產區位於坦尚尼亞最南部，名稱來自魯武馬河（Ruvuma river）。咖啡種植地多在姆濱勾區（Mbingo），被認為是高品質咖啡的潛力產區。過去因資金不足而阻礙了發展。

海拔：1,200 ～ 1,800公尺
採收期：6 ～ 10月
品種：肯特、波旁、波旁系列（如
　　　　N5、N39）

MBEYA

此產區位於坦尚尼亞南部姆貝雅市（Mbeya）周遭，是高價值外銷作物重要產區，如咖啡、茶葉、可可與香料等。近年來吸引眾多認證團體或非政府組織的注意，目的在於改善此產區評價不高的咖啡品質。

海拔：1,200 ～ 2,000公尺
採收期：6 ～ 10月
品種：肯特、波旁、帝比卡

TARIME

位於境內最北部肯亞邊境的小產區，國際名聲有限。此區已開始生產不少高品質的咖啡，同時也有機會提升產量。目前產量相對較低，咖啡的後製處理基礎設備也較有限，但此產區在過去十年所受到的矚目也使其產量提升了三倍。

海拔：1,500 ～ 1,800公尺
採收期：7 ～ 12月
品種：肯特、波旁、帝比卡、羅布斯
　　　　塔

KIGOMA

此產區以區首府基哥馬市（Kigoma）命名，位於東北部鄰近蒲隆地邊界，在緩丘綿延的高原上。區內生產不少令人驚豔的咖啡，不過相較於境內其他產區，當地的咖啡產業才剛起步。

海拔：1,100 ～ 1,700公尺
採收期：7 ～ 12月
品種：肯特、波旁、帝比卡

烏干達 UGANDA

烏干達是世上少數幾個擁有原生咖啡品種的國家,當地的原生咖啡就是生長在維多利亞湖畔的野生羅布斯塔。咖啡占烏干達出口經濟很重要的地位,烏干達也是世上規模最大的咖啡出口國之一。然而,因為烏干達生產的咖啡絕大多數為羅布斯塔,所以也一直努力掙扎於求取良好的品質名聲。

雖然原生羅布斯塔占烏干達咖啡文化一席之地已有數百年的歷史,但咖啡產業並不在烏干達原有的農業領域。1900年代早期,阿拉比卡引進烏干達,來源可能就是馬拉威或衣索比亞。但阿拉比卡咖啡作物收成並不盡理想,且不斷與植物疫病奮戰。然而,與此同時,羅布斯塔農作產量逐漸提升,而且具備更高抗病力的品種此時似乎也正開始嶄露頭角。

1925年,咖啡僅占烏干達出口總量的1%,但咖啡依舊被視為重要的農業作物,小型農場的數量也正值良好的發展。1929年,咖啡產業委員會(Coffee Industry Board)成立。而農人組成的合作社就如同當地咖啡產業成長的催化劑,咖啡更在1940年代成為烏干達的重要出口項目。1969

年,烏干達在獨立之後,政府通過了《咖啡法案》(Coffee Act),賦予咖啡產業委員會制定價格的完全掌控權。在時任烏干達總統伊迪·阿敏(Idi Amin)的統治之下,咖啡產業依舊健強,曾因為1975年巴西霜害之全球咖啡價格上揚而風光一時。在1980年代,咖啡仍是烏干達最強大的經濟作物,產量同時不斷上升。然而,咖啡經由邊境走私到鄰近國家之事也不斷增加,因為走私至鄰國的價格會比政府制定的售價更優渥。

1988年,咖啡產業委員會調漲了農人的待遇,但當年年底委員會已負債累累,並由政府出面紓困。1989年,國際咖啡協議(International Coffee

下:部分烏干達產區擁有得天獨厚的土壤、海拔與氣候,產出相當優質的咖啡。

南蘇丹 SOUTH SUDAN

肯亞 KENYA

MARACHA

ARUA

NEBBI

ASWA

Kitgum

GULU

Gulu

OYAM

APAC

Moroto

剛果民主共和國
DEMOCRATIC REPUBLIC
OF THE CONGO

Lake
Albert

烏干達 UGANDA

KYOGA

Masindi

Lake
Kyoga

NAKASONGOLA

KAPCHORWA

KUMI

Sironko

BUDADIRI

KONGASIS

BUNDIBUGYO

KIBALE

KIBOGA

NAKASEKE

KAYUNGA

KAMULI

BULAMOGI

BUNGOKHO

MANAFWA

Fort Portal

Kibale

MUBENDE

BAMUNANIKA

BUSIKI

IGANGA

肯亞 KENYA

KABAROLE

KYENJOJO

BUSUJJU

KAMPALA

JINJA

BUGIRI

KAMWENGE

MPIGI

MUKONO

MAYUGE

KASESE

WAKISO

IBANDA

SEMBABULE

MBARARA

MASAKA

維多利亞湖

Masaka

BUSHENYI

KASHARI

RAKAI

0   哩   100

RUKUNGIRI

BUKANGA

0   公里   100

KANUNGU

NTUNGAMO

KISORO

KABALE

坦尚尼亞 TANZANIA

盧安達 RWANDA

Agreement）崩解，咖啡價格因此急遽下滑，為讓烏干達咖啡更具國際競爭力，政府決定調降烏干達幣值。1990年，該國的咖啡產量下跌了20％，背後的原因不僅是咖啡價格的下跌，也由於乾旱以及將咖啡作物換成其他糧食作物。

1990年代早期，烏干達的咖啡產業逐漸自由化，政府僅扮演市場與發展的支援角色。此時的烏干達如同踏入近年咖啡產業型態的分水嶺。烏干達咖啡發展署（Urganda Coffee Development Authority）持續放寬相關規章，讓產銷履歷更加透明，並讓烏干達的咖啡取得更便利。各個咖啡生產者組成的團體也持續致力於建立自家品牌、打響名聲。

另一方面，主要的輸出咖啡種類依舊是羅布斯塔，同時烏干達也建立了優質羅布斯塔產國的聲譽。當地的阿拉比卡出口占比仍屬少量，但品質逐漸攀升。在接下來的幾年之間，烏干達勢必會成為精品咖啡領域越來越重要的角色。

產銷履歷

一般而言，烏干達最優質的咖啡都來自生產者組成的團體或合作社。烏干達咖啡產業有兩個獨特的名詞：「Wugar」代表的是水洗烏干達阿拉比卡；「Drugar」則是日曬烏干達阿拉比卡。咖啡幾乎全年皆產，絕大多數產區都會分為主產季與副產季，副產季又稱為「零星產季」（fly crop）。

風味口感

傑出的烏干達咖啡依舊相對較為稀有，但最優質的咖啡擁有香甜且飽滿的深色水果風味，以及清亮的尾韻。

上：Good African Coffee 公司位於康培拉（Kampala）的烘豆工廠正烘焙著一批咖啡豆。這間公司由當地商人在2003年成立。

次頁：一位正在卡姆里（Kamuli）地區騎著腳踏車的咖啡農。非營利組織正在此地區實施農作教育計畫，幫助當地人們改善生活。

產區

人口：41,490,000人

2016年產量（60公斤／袋）：
4,900,000袋

烏干達的產區分野並非全然完善、清晰鮮明或受到眾人同意。

BUGISU

此產區擁有最佳烏干達咖啡之聲譽，尤其是與肯亞接壤的埃爾貢山一帶。此產區的農地大多位於陡峭的地形，另外也須面對缺乏基礎設備的挑戰。然而，此處擁有生產優質咖啡的土壤、海拔與氣候等極佳條件。

海拔：1,500～2,300公尺

採收期：10～3月（主產季）、5～7月（零星產季）

品種：肯特、帝比卡、SL-14、SL-28

WEST NILE

烏干達的西北部地區產有相對較多的阿拉比卡，一路綿延至亞伯特湖（Lake Albert）北部，並與剛果民主共和國邊境接壤。湖畔的阿拉比卡咖啡占比較高，再往更北方則有較多羅布斯塔。

海拔：1,450～1,800公尺

採收期：10～1月（主產季）、4～6月（零星產季）

品種：肯特、帝比卡、SL-14、SL-28、羅布斯塔原生種

WESTERN UGANDA

烏干達境內海拔最高的咖啡產區，位於魯文卓里山脈（Rwenzori mountains），並靠近剛果民主共和國邊境。此產區常見的咖啡為日曬烏干達阿拉比卡，也就是「Drugar」。

海拔：1,200～2,200公尺

採收期：4～7月（主產季）、10～1月（零星產季）

品種：肯特、帝比卡、SL-14、SL-28、羅布斯塔原生種

CENTRAL LOWLANDS

烏干達幾乎全境皆有種植羅布斯塔，一路到低海拔的維多利亞湖盆地皆有。此產區的海拔相對較低，收成狀態關乎於降雨情形。另外，有現代卡帝莫品種之稱的Tuzza品種生長在低海拔地區，並具備抵抗疫病的能力。

海拔：1,200～1,500公尺

採收期：11～2月（主產季）、5～8月（零星產季）

品種：羅布斯塔原生種、部分Tuzza

尚比亞 ZAMBIA

長久以來，尚比亞一直被精品咖啡產業忽視。或許有人認為這是「雞生蛋，蛋生雞」的情況，畢竟因為過去精品咖啡買家對此區咖啡興趣缺缺，此地針對提升品質的資金投注因此也比較少，而品質不佳的咖啡，也就提不起精品咖啡買家的興趣。

尚比亞的咖啡在1950年代由傳教士自坦尚尼亞與肯亞將波旁咖啡種子帶進。不過，直到1970年代末期及1980年代早期，尚比亞的咖啡產量才因為世界銀行（World Bank）的投資開始增長。雖然品種卡帝莫的美味度不如波旁，但由於病蟲害與疾病的增加，咖啡農開始種植雜交品種卡帝莫。但這僅是暫時的改變，尚比亞政府後來又再度推行波旁，但尚比亞境內依舊有為數不少的卡帝莫。

尚比亞的咖啡外銷在2005至2006年達到巔峰，總量約莫6,500噸，不過自此之後便大大減

上和右：咖啡果實熟成時由尚比亞工人採收，這些種植園多半都是規模頗大且經營良好的莊園，也都擁有現代化設備。

低。有人將原因歸咎於價格驟降，但產業缺乏長期融資更是主因。此外，境內最大的生產商更在2008年因拖欠貸款而結束營業。Northern Coffee Corp在關閉之時產量為6,000噸，占全國的三分之一。到了2012年，咖啡總產量僅300噸，不過現今則正逐漸恢復。

尚比亞的咖啡多來自大型莊園，不過小農也有受到支持。這類莊園多半經營良好，也具有現代化設備（因為咖啡生產相對起步較晚），也可能隸屬跨國公司。小農在取得肥料與設備方面困難重重，一般來說咖啡品質也不高。因缺乏水源與良好的後製處理設備，更增加了生產出純淨而甜美咖啡的困難度。

產銷履歷

尚比亞最佳咖啡多半來自單一莊園，不過可能要花點精力才找得著。境內咖啡產量不但小，高品質的咖啡也難尋。無奈的是，因咖啡品種與地理環境，尚比亞咖啡其實潛力無窮。

亞洲

亞洲咖啡的種植文化可說是由神話與歷史塑造而成。傳說中，來自葉門的朝聖者將羅布斯塔咖啡偷渡進入印度；到了十六世紀，荷蘭東印度公司開始將印度咖啡豆大量外銷。如今，亞洲是商業咖啡產業舉足輕重的角色。葉門或許是個例外，因外銷量極小，但風格獨特的葉門咖啡在全球需求量仍大。

中國 CHINA

以眾多層面而言，中國都是現今咖啡世界關注的焦點。中國不僅在咖啡消費方面擁有影響全球咖啡產業的潛力，這裡也開始生產數量驚人的咖啡。咖啡種植者正開始將目光投注於咖啡品質，不斷地試探當地土壤、氣候與品種的極限。

中國雲南在1892年由法國傳教士引進了咖啡。相傳當時的傳教士從越南邊境帶著自己的咖啡種子進入雲南，接著在朱苦拉村靠近自己的教堂附近種下了這些種子。在將近一百年之間，當地咖啡生產過程幾乎沒有什麼變化，但有此現象並不令人吃驚，因為當地正是著名高產量與高品質的茶葉產地。1988年，雲南咖啡產業變得生氣勃勃，部分原因也是由於聯合國開發計畫（United Nations Development Program）與世界銀行的投入。雲南咖啡的成功發展部分也可能因為雀巢（Nestlé）公司的關注與支持而刺激了此地的咖啡產業成長。

雲南的咖啡產量始終穩定地維持在很小量，一直到大約2009年，突然有了顯著躍升。可能是由於當時茶葉價格變低，以及全球咖啡售價出現了短暫上升。此後，雲南咖啡產業持續成長，中國全境的市場擴張也是背後重要的推動。雖然中國平均每人的咖啡消費量依舊相對十分少量，但是，中國的龐大人口，代表此地擁有影響全世界咖啡產業供需的巨大潛力。

如今，中國咖啡逐漸發展出自身獨特的風味；我嘗過最棒的中國咖啡都只有在該國國內銷售。以品質為主軸的咖啡生豆拍賣會已越來越受歡迎，在地生長的咖啡生豆成交價格也十分高昂。中國咖啡市場因此與眾不同，也值得持續觀察。

部分中國的優質咖啡現在已有出口，也值得一尋。許多咖啡生豆的品種選擇確實仍舊依照抗病力而非風味，中國也依然試著克服較脆弱品種的種植問題。不過，我期待看到一年比一年更好的中國咖啡。

產銷履歷

中國最佳咖啡貿易貨品來自單一莊園或單一生產者團體。雖然中國目前還不像其他產國已有咖啡生豆履歷與品質預期，但這些產品絕對值得嘗試。

風味口感

中國境內較優質的咖啡擁有的甜香與水果風味，雖然許多咖啡依舊帶有些許木質調與土壤氣味。酸度相對較低，口感通常相對較為厚實。

產區

人口：1,370,000,000人

2016年產量（60公斤／袋）：
2,200,000袋

雖然中國咖啡農地面積僅占全國土地相對少量範圍，但面積依舊相當遼闊。不論是產量或消費量而言，咖啡能在中國發展的空間還十分廣大。

雲南

這個中國境內第一個出現咖啡種植的區域，現今仍然是中國高品質咖啡的主要產地。另外，雲南也是著名的普洱茶產地，當地的重要作物現在也加上了咖啡。

海拔：900 ～ 1,700公尺
採收期：10 ～ 1月
品種：卡帝莫、少數卡杜拉與波旁

福建

福建也是知名的茶葉產地，生產烏龍等茶種。咖啡在當地屬於小型產業，高品質咖啡產量更為稀少。

採收期：11 ～ 4月
品種：羅布斯塔

海南

咖啡在1908年進入此區，可能源自馬來西亞。這個中國最南端的省分種有羅布斯塔，但此產區尚未建立任何優質咖啡的聲譽。

採收期：11 ～ 4月
品種：羅布斯塔

右：一間位於中國東南部江蘇省蘇州市的現代咖啡館。

前頁：中國少數民族苗族的咖啡農正在採收咖啡果實，此地位於中國西南部雲南省新寨村。

印度 INDIA

咖啡到底是如何出現在印度南部的說法頗具神話性。傳說中，一位名叫巴巴‧布丹（Baba Budan）的朝聖者在1670年自麥加朝聖回程途經葉門，在嚴格管控之下，仍偷偷帶走了七顆咖啡種子。不過，因為回教的「七」屬於神聖數字，因此他這樣的行為被認定是符合教義。

巴巴‧布丹將這些種子種在卡納塔卡邦（Karnataka）的契克馬加盧縣（Chikmagalur），咖啡樹在此繁茂生長。此區的山丘現在也以他命名，稱為巴巴布丹山（BabaBudanGiri），至今依舊為重要的咖啡產區。

一直到十九世紀英國殖民統治下，印度南部的咖啡種植才開始蓬勃發展。不過這情況僅是曇花一現，之後咖啡產業又開始沒落。1870年代，因亞洲市場對茶葉的需求，加上咖啡葉鏽病大增的雙重影響，許多農地開始改種茶葉。諷刺的是，這些莊園的咖啡外銷其實都表現亮眼。葉鏽病並沒有使咖啡產業從印度消失，反倒鼓勵了產業研發出對葉鏽病具抵抗力的品種。這類研究相當成功，培育出不少新品種。此後，印度才將焦點放在咖啡風味。

1942年，印度咖啡委員會（Coffee Board of India）成立，得以依法監控咖啡產業。有些人認為把來自不同生產者的咖啡聚集買賣，會使生產者少了提升品質的動力。不過，印度咖啡產量絕對因此有所成長，到了1990年代，印度咖啡增加了30%。

1990年代，咖啡銷售方式與通路規範變得寬鬆，印度國內的咖啡市場開始蓬勃發展。雖然印度國內咖啡每人平均消費量相當低，因為茶是便宜的替代品，但是由於龐大的人口數，人均消費總量還是相當可觀。每人每年平均消費量不過100公克，總消費量卻可達兩百萬袋。印度咖啡年產量約為五百萬袋，不過多數為羅布斯塔。

在印度，羅布斯塔的適應力優於阿拉比卡。低海拔加上氣候形態，使羅布斯塔的產量極高。相較於許多國家，印度對羅布斯塔所投注的心力相對較高，因此得以占據頂級市場的低階位置。即便是最優異的羅布斯塔依舊無法避免擁有此品種特有的木質氣息，但也因其風味較其他產國乾淨，印度羅布斯塔在咖啡烘焙業者間受到歡迎，多被用來加入義式濃縮咖啡的配方豆。

左：在印度，茶比咖啡受歡迎，即使如此，印度咖啡年產量五百萬袋中還是有兩百萬袋是在國內消費。多數為羅布斯塔。

Mumbai

孟加拉灣

TELANGANA
Hyderabad

DECCAN

Bhima

Krishna

印度 INDIA

Western Ghats

KARNATAKA

ANDHRA
PRADESH

阿拉伯海

Eastern Ghats

Penner

Bababudangiri △

CHIKMAGALUR
COORG   Bangalore
MANJARABAD

Mysore

Chennai

SHEVAROY

Puducherry

印度洋

WAYANAD Coimbatore

NILGIRI

KERALA

TAMIL
NADU

印度洋

Kochi

PULNEY

Madurai

主要咖啡產區

TRAVANCORE

斯里蘭卡
SRI LANKA

Thiruvananthapuram

Ghats

0   哩   200
0   公里   200

風漬處理法

較具知名度的印度咖啡要屬風漬馬拉巴
（Monsoon Malabar），這種咖啡經過相當不尋常的
風漬處理。風漬處理現在已是一種控制精準的處理
法，不過這種處理法的源起全屬意外。在英國殖民
統治期間，咖啡以木箱承裝，外銷至歐洲。這些咖
啡在運送過程會經歷季風時期潮濕的天氣。這些咖
啡生豆因此吸收了不少的濕氣，並大大影響了咖啡
豆最後的風格。

外銷運送過程日後雖有精進，但是這類擁有不
尋常風味的咖啡依舊十分搶手，因此，這類風漬處
理法便改在印度西海岸的工廠裡進行。風漬處理僅

用在經過日曬處理的咖啡，風漬過後的咖啡色澤偏
淡且十分易碎。風漬豆不易烘焙均勻，更因易碎使
得烘焙過的咖啡常因包裝過程而造成許多受損。不
過，不同於低階咖啡必須避免的破損豆，這類破碎
的風漬豆並不會影響風味。

在風漬過程中，咖啡通常會損失酸度，但額
外增加濃郁且具野性的香氣，在咖啡產業有著兩極
化的評價。有些人喜歡這類豐富濃郁的口感，也有
些人則認為這是處理過程具瑕疵而出現的不討喜氣
味。

產銷履歷

印度二十五萬名咖啡生產者，小農就占了98%，因此回溯至單一莊園雖相當困難，卻值得進行。印度咖啡產銷履歷通常只能追溯到處理廠或產區。

風味口感

最佳的印度咖啡多半帶著濃郁綿密的口感，酸度低，鮮少擁有獨特的複雜度。

產區

人口：1,326,572,000人
2016年產量（60公斤／袋）：
5,333,000袋

印度咖啡樹多數種植在境內四個邦內。各邦之內又可再依地理環境細分為小產區。

TAMIL NADU

此產區名稱的字面意思為「泰米爾人之地」。這裡是印度二十八個邦中最南端的一個。首府為清奈（Chennai，原名Madras），境內以巨型印度教寺廟聞名。

PULNEY

這是邦內最大的咖啡產區，但咖啡農要面對不少挑戰，包含頻繁的葉鏽病（選擇種植品種相對重要）、人力不足、土地所有權歸屬、後製處理廠水源缺乏等問題。

海拔：600 ～ 2,000公尺
採收期：10 ～ 2月
品種：S795、Selection 5B、
Selection 9、Selection 10、
Cauvery

NILGIRI

這個多山的產區多數為部落小農，經濟資源有限。此區的羅布斯塔產量大約是阿拉比卡的兩倍。降雨量大，病蟲害多，包括咖啡果小蠹。此地為位置最西的產區，位於卡納塔卡邦與喀拉拉邦（Kerala）之間。

海拔：900 ～ 1,400公尺
採收期：10 ～ 2月
品種：S795、肯特、Cauvery、羅布
斯塔

SHEVAROY

此產區幾乎完全生產阿拉比卡，生產者多數為小農。此區地形相當崎嶇，因此對大型農場較為有利。儘管僅占全國5%的農地，但幾乎75%都是種植咖啡。大型農場的問題在於傾向種植單一樹種銀樺（Silver oak）來遮蔽咖啡樹。但是也有不少人認為為了生態多樣化與永續發展，遮蔽咖啡樹用的樹種也應該更多元。

海拔：900 ～ 1,500公尺
採收期：10 ～ 2月
品種：S795、Cauvery、Selection 9

KARNATAKA

此邦產有全國絕大多數的咖啡。過去名為邁索（Mysore），1973年更名為卡納塔卡邦。名稱的意義眾說紛紜，有人認為是「高升之地」，有人則說是「黑色區域」，後者是因為此區發現的黑眠土（變性土）。

BABABUDANGIRI

此產區被認為是印度咖啡的源起之地，因為由巴巴・布丹從葉門偷渡入境的咖啡種子便是種在此區。

海拔：1,000 ～ 1,500公尺
採收期：10 ～ 2月
品種：S795、Selection 9、Cauvery

左：咖啡果實正鋪平曬乾，此處為部分位於塔米爾納杜邦（Tamil Nadu）的Coorg產區，該邦為印度四大咖啡產邦。

CHIKMAGALUR

面積相當廣大的此區域，包含了Bababudangiri產區。此區圍繞契克馬加盧縣，也因此有了這個產區名稱。區內羅布斯塔產量略高於阿拉比卡。

海拔：700 ～ 1,200公尺
採收期：10 ～ 2月
品種：S795、Selection 5B、Selection 9、Cauvery、羅布斯塔

COORG

此區多數種植園是由英國人在十九世紀期間開發。印度於1947年獨立後轉賣給當地人。區內羅布斯塔的種植面積是阿拉比卡的兩倍，但因其高產量的特性，羅布斯塔的生產量是阿拉比卡的三倍。

海拔：750 ～ 1,100公尺
採收期：10 ～ 2月
品種：S795、Selection 6、Selection 9、羅布斯塔

MANJARABAD

此產區主要專注於阿拉比卡，不過從印度咖啡委員會舉辦的咖啡競賽可見，幾個產有羅布斯塔咖啡的莊園也有品質優異的表現。

海拔：900 ～ 1,100公尺
採收期：10 ～ 2月
品種：S795、Selection 6、Selection 9、Cauvery

KERALA

這個位於西南部的邦生產全印度近三分之一的咖啡。馬拉巴海岸位於此地，因此風漬馬拉巴與有機咖啡在此區要比其他產區更為蓬勃發展。此區香料外銷始於1500年代，葡萄牙人最早來到此地，進而建立貿易商路，也為之後歐洲殖民印度開創了道路。

TRAVANCORE

此區多半種植羅布斯塔，不過某些高海拔地區則得以生產阿拉比卡。

海拔：400 ～ 1,600公尺
採收期：10 ～ 2月
品種：S274、羅布斯塔

WAYANAD

此產區屬於低海拔，因此唯有羅布斯塔才得以在此生長。

海拔：600 ～ 900公尺
採收期：10 ～ 2月
品種：羅布斯塔、S274

ANDHRA PRADESH

東高止山脈沿著印度東海岸綿延，提供咖啡種植所需要的海拔。此區咖啡產量相對較少，不過多數為阿拉比卡。

海拔：900 ～ 1,100公尺
採收期：10 ～ 2月
品種：S795、Selection 4、Selection 5、Cauvery

印尼 INDONESIA

印尼群島在首度嘗試咖啡種植便遭到挫折。1696年，雅加達（當時名為 Batavia）總督收到印度馬拉巴（Malabar）荷蘭總督贈予的咖啡樹苗，這些新樹苗卻在雅加達一場洪水中喪失。第二批樹苗則是在1699年送到，這次，咖啡樹生長蓬勃。

印尼咖啡的外銷始於1711年，當時是由荷屬東印度公司（Vereenigde Oostindische Compagnie, VOC）管理。運送到阿姆斯特丹的咖啡可以賣得相當高價，1公斤的獲益將近每人年均收入的1%。即使咖啡價格在十八世紀終於下跌，對荷屬東印度公司來說，咖啡無疑依舊是搖錢樹。不過，當時的爪哇島是在殖民統治下，因此對咖啡農而言，一點好處都沒有。1860年，一位荷蘭殖民官員寫了一部小說《馬格斯·哈弗拉爾或荷蘭貿易公司的咖啡拍賣》（*Max Havelaar: Or the Coffee Auctions of the Dutch Trading Company*），書中描述了殖民體制的濫用。此書為荷蘭社會帶來深遠的影響，使大眾對咖啡貿易與殖民體制開始有所了解。現今，「Max Havelaar」已經成為咖啡產業一種道德認證。

一開始，印尼僅生產阿拉比卡，不過咖啡葉鏽病在1876年盛行，許多咖啡樹因此連根鏟除。有人嘗試改種賴比瑞亞（Liberica）物種，但同樣難對葉鏽病免疫。因此，開始改種對疾病有抵抗力的羅布斯塔。羅布斯塔現今依舊占印尼咖啡的絕大多數。

半水洗處理法

印尼咖啡豆的特點（也是印尼咖啡風味如此變化多端的原因之一）在於採收後所使用的半水洗處理法（giling basah，或稱濕磨處理法）。這是融合水洗與日曬處理法元素而形成的咖啡處理過程（詳見第37頁）。這種半水洗過程對咖啡品質有至為重要的影響。因為一旦經過此程序，咖啡的酸度便大大降低，但似乎同時增添醇厚度，創造出一個口感

咖啡種類
- 阿拉比卡
- 羅布斯塔

柔順、圓潤、醇厚的咖啡。

這樣的處理方式也為咖啡帶出多元的風味，有時充滿植物或藥草香氣，或帶著木味、黴味或土壤氣味。但是，這並不表示所有使用此處理法的咖啡都有相同的品質與風味。這類咖啡的品質差異甚大；半水洗咖啡風味口感之分歧在咖啡業界內是出名的。倘若來自非洲或中美洲的咖啡出現這樣的風味，不論處理過程多嚴謹，都會被視為是瑕疵品，立即遭潛在買家拒絕。然而，許多人卻認為這樣濃郁而醇厚的印尼半水洗處理的咖啡相當美味，因此業界買氣依舊興旺。

近幾年來，精品咖啡買家開始鼓勵全印尼咖啡生產者嘗試以水洗法（詳見第33頁）處理咖啡豆，

風味口感

半水洗處理的咖啡多半擁有十分醇厚的口感，帶著土壤、木頭與辛香，但酸度低。

以便使品種本身及產地風味（而非僅是來自處理手法）得以顯露。未來是否會有更多生產者開始製造風味更純淨的咖啡，亦或半水洗咖啡的需求能否持續下去，值得拭目以待。

下：一名印尼女子爬上一棵大型咖啡樹以便採收咖啡果實。荷屬東印度公司自十六世紀起便以外銷咖啡獲取暴利。

麝香貓咖啡

在印尼，「Kopi luwak」指的是收集吃了咖啡果的麝香貓糞便而製成的咖啡。這類僅半消化的咖啡果實在與糞便分離之後，會經過處理而後乾燥。過去十年，這類咖啡被視為新奇有趣，加上某些人毫無根據地宣稱此類咖啡風味口感如何絕妙，因此麝香貓咖啡得以賣得高價，繼而造成兩大問題。

首先，這類咖啡的偽造司空見慣。市面上販賣的數量遠高過實際生產量，而且多數是由等級低的羅布斯塔冒充。

其次，這樣的風潮也鼓勵了島上不肖商人不法捕抓並囚禁麝香貓，強迫餵食咖啡果實，而且動物的生存環境相當惡劣。

對我而言，麝香貓咖啡沒有任何優點。想喝到美味的咖啡，這種咖啡絕對是浪費錢。只要花上麝香貓咖啡費用的四分之一，就能買到世上最優異生產者的頂級咖啡。我認為生產麝香貓咖啡的方式等同於虐待動物，非常不道德，因此應該避免任何經由動物加工的咖啡，更不要用自己的錢獎勵這類卑鄙的行為。

產銷履歷

雖然要追溯到咖啡單一莊園是有可能的，但並不容易。不過，這類具產銷履歷且經全水洗處理的咖啡（而非半水洗）絕對值得嘗試。多數咖啡是由小農生產，他們多半僅擁有一到兩公頃的土地，因此多數咖啡都僅能追溯到濕處理廠或產區。即便來自同產區，品質也有極大差異，購買這類咖啡因此宛如賭注。

左：數籃羅布斯塔咖啡果實鋪散在地上等待日曬。此地位於楠榜省（Lampung）的湯加姆斯區（Tanggamus），是印尼最大的咖啡生產區域。

產區

人口：263,510,000人
2016年產量（60公斤／袋）：
11,491,000袋

印尼咖啡起始於爪哇島（Java），之後慢慢散布至其他島上。1750年，咖啡先是到蘇拉威西島（Sulawesi），一直到1888年才抵達北蘇門答臘（Northern Sumatra）。最初是種植在多峇湖（lake Toba）附近，到了1924年開始出現在迦佑（Gayo）的塔瓦湖（Lake Tawar）區。

蘇門答臘

蘇門答臘島上有三個主要產區：北部亞齊省（Aceh）、略往南的多峇湖區域，以及近來島嶼南部的芒古拉雅（Mangkuraja）附近。也能進一步由三大主要產區追溯咖啡的來源至較小區域，如亞齊省的Takengon或Bener Mariah、多峇湖區的Lintong、Sidikalang、Dolok Sanggul或Seribu Dolok。這類產銷履歷追溯是相當晚近的發展。

過去常見以「蘇門答臘曼特寧」（Sumatra Mandheling）為名銷售的咖啡。曼特寧其實不是地名，而是島上的少數族群。曼特寧咖啡多半會帶上數字等級，1或2，此分級基本上是根據杯測品質，而非較普遍的生豆分級方式。但我不會大力推薦所有1級的咖啡，因為此分級有時有些隨性。

此地通常不會將不同品種的咖啡分開，因此多數蘇門答臘咖啡可能混合多樣不知名品種。蘇門答臘的咖啡是由棉蘭港（Medan）出海，不過這裡炎熱而潮濕的氣候會給咖啡帶來負面影響，尤其當在港邊等待出口而擱置太久時。

海拔： 亞齊省1,100～1,300公尺、多峇湖1,100～1,600公尺、芒古拉雅1,100～1,300公尺
採收期： 9～12月
品種： 帝比卡（包括Bergandal、Sidikalang與Djember等區）、TimTim、Ateng、Onan Ganjang

> ### 老布朗爪哇（陳年曼特寧）
>
> 部分爪哇的咖啡莊園會在出口前，讓咖啡先行熟成最多五年。咖啡生豆的顏色會從一般經半水洗處理的藍綠色轉變為棕土色。烘焙後，咖啡會變得毫無酸度，留下某些人欣賞的濃郁辛辣與木質氣味。假如你喜歡口感甜美、純淨而充滿活力的咖啡，很可能會很厭惡這類咖啡。

爪哇

在爪哇島遇見咖啡莊園比其他島來得簡單。一方面是因為此區的殖民歷史，另一方面則是荷蘭人的經營。島上四個最大的農場原本都是政府所有，總面積達4,000公頃。長久以來，此區咖啡擁有絕佳的聲望，不過我相信不久之後應該就會出現其他替代真正「摩卡爪哇」（Mocha-Java）混合豆的產品。爪哇咖啡長期以來都能獲取高價，不過在二十世紀末開始下跌。

多數咖啡農田都在爪哇島東部靠近伊真（Ijen）火山附近，島上西部也種有咖啡。

海拔： 900～1,800公尺
採收期： 7～9月
品種： 帝比卡、Ateng、USDA

> ### 品種名稱
>
> 蘇門答臘的咖啡品種名稱可能有些難懂。大部分阿拉比卡的種籽最初應該源自葉門的帝比卡。在蘇門答臘，這類咖啡多半稱作「Djember Typica」，但是，「Djember」同時也是在蘇拉威西島上另外一個完全不同品種的名稱。另外，此地也常有不同品種在不同時期曾與羅布斯塔雜交的情況，其中最有名的要屬「Hybrido de Timor」，也就是更常見的卡帝莫的父母；此品種在蘇門答臘又稱為「TimTim」。

蘇拉威西島

即便蘇拉威西島上有七座大型莊園，占咖啡總產量的5%，但咖啡仍多半由小農生產。島上多數阿拉比卡都種在海拔較高的Tana Toraja產區，往南則有卡洛西市（Kalosi），「Kalosi」也成為區內咖啡的招牌名稱。另外兩個較不具知名度的咖啡產區為西部的Mamasa，以及卡洛西市南方的Gowa。部分島上最迷人的咖啡是經過全水洗處理，十分美味，相當推薦各位有機會可以一試。半水洗處理法在此仍相當普遍，島上也種有不少羅布斯塔。咖啡生產在此較不具組織性，因為許多小農只是把咖啡當成額外的收入，重心多擺在其他農作物。

海拔：Tana Toraja產區1,100～1,800公尺、Mamasa產區1,300～1,700公尺、Gowa產區平均850公尺。
採收期：5～11月
品種：S795、帝比卡、Ateng

FLORES

位於峇里島（Bali）東邊約320公里的一座小島，此地的咖啡種植與聲望發展都算是相當晚近。過去，大多數此產區的咖啡都僅是混入其他咖啡豆販售，少見單一「Flores產區咖啡」。島上有不少活火山與死火山，因此對土壤帶來正面的影響。島上最主要的產區為Bajawa。咖啡普遍是以半水洗過程處理，但也有不少全水洗處理的咖啡。

海拔：1,200～1,800公尺
採收期：5～9月
品種：Ateng、帝比卡、羅布斯塔

峇里島

咖啡來到峇里島的時間非常晚，最初僅種植在金塔巴尼（Kintamani）高原上。島上的咖啡產業在1963年阿貢火山（Gunung Agung）爆發時嚴重受挫；此事件造成兩千人死亡，對峇里島東部帶來嚴重災難。1970年代末期及1980年代早期政府開始鼓勵咖啡生產，方法之一是提供阿拉比卡種苗給農民。但或許這種推廣方式並不成功，因為現今全島的咖啡品種依舊有80%為羅布斯塔。

觀光業是島上最重要的收入來源，農業則提供了最多的工作機會。過去，日本是峇里島咖啡的最大買家，買走幾乎所有島上的咖啡。

海拔：1,250～1,700公尺
採收期：5～10月
品種：帝比卡與帝比卡變種、羅布斯塔

下：咖啡生豆在峇里島種植園進行日曬乾燥。咖啡生產為此地創造了許多就業機會，咖啡多銷往日本。

巴布亞紐幾內亞
PAPUA NEW GUINEA

許多人會將巴布亞紐幾內亞的咖啡與印尼相提並論，不過這並不公平。巴布亞紐幾內亞位於紐幾內亞島東部，與相鄰的巴布亞（Papua）在咖啡的生產上差異甚大。

島上的咖啡生產歷史並不長。雖然咖啡種植早在1890年代便開始，但最初並未視為商業產品。到了1926年，十八座莊園成立，當時使用的是來自牙買加藍山咖啡（Blue Mountain）的種籽。咖啡產業直到1928年才開始蓬勃發展。

1950年代，產業開始有了結構性成長，隨著基礎設備的興建，島上的咖啡相關活動得以蓬勃發展。另一波更長足的發展則出現在1970年代，原因可能在於巴西咖啡產量下滑。當時，政府補助實施了一系列的方案，鼓勵小型農場改由共同合作社經營。業界當時多半著重在莊園管理，但自1980年代起，產業結構開始改變，重心也出現分散的情況。或許因為咖啡價格下跌，使得許多莊園陷入財務危機。相較之下，小農受市場波動的影響較小，因此得以繼續生產咖啡。

如今，島上95%的生產者皆為自給自足的小農，生產全國90%的咖啡，幾乎全數為阿拉比卡。

這也表示境內比例相當高的人口都與生產咖啡有關；尤其是居住在高地地區的人們。這點對生產大量高品質咖啡來說是絕大

前頁：巴布亞紐幾內亞東側與西側高地在咖啡的生產上最為知名，多數種植園屬於小農。

上：雖然巴布亞紐幾內亞的咖啡種植要到二十世紀才開始蓬勃發展，不過現今已成為島上重要農作物。阿拉比卡是主要外銷產品，多數種在高地地區。

挑戰，因為許多生產者缺乏使用恰當的後製處理。缺乏產銷履歷，也使高品質咖啡無法得到應有的獎勵。

產銷履歷

　　不少大型莊園依舊經營得有聲有色，因此要找到來自單一莊園的咖啡是可能的。產銷履歷的概念

在島上的歷史並不長，過去部分咖啡農也會從其他生產者買入咖啡，包裝成自有品牌銷售。將咖啡以區域販售是相當新的做法。不過島上的海拔與土壤確實使此地咖啡擁有絕佳潛力，因此過去幾年也開始吸引了精品咖啡業者的注意。購買時可將目標放在能夠追溯到單一莊園或生產者團體的咖啡豆。

風味口感

來自巴布亞紐幾內亞的優質咖啡通常都帶著奶油般綿密口感，擁有絕佳的甜美度與複雜度。

產區

人口：7,060,000人
2016年產量（60公斤／袋）：
1,171,000袋

巴布亞紐幾內亞多數咖啡都產自高地（Highlands）省，區內生產優質咖啡的潛力值得期待。雖然有些咖啡種植在這些產地之外，但產量極小。

東高地省

島上有一座跨越全區的山脈，東高地即此山脈的一部分。

海拔：400～1,900公尺
採收期：4～9月
品種：波旁、帝比卡、Arusha

西高地省

這是另一個主要的咖啡產區。多數咖啡都種植在哈根山（Mount Hagen）的區內首府周遭，城市名稱源自一座古老的休眠火山。來自此區的咖啡多半是在哥羅卡（Goroka）進行處理，因此有些咖啡要獲得產銷履歷並不容易。此地海拔與無比肥沃的土壤，使該產區咖啡品質潛力無窮。

海拔：1,000～1,800公尺
採收期：4～9月
品種：波旁、帝比卡、Arusha

欽布省

欽布省（Simbu，官方正式拼法為Chimbu）是境內第三大的咖啡產區，但產量比較於其他兩個高地省分低。產區名源自當地方言，而「Sipuuuu」字意為「謝謝你」。此地多數咖啡產自小農自家周遭的咖啡園，區內90%的人口從事咖啡相關行業，對許多人來說，這是他們唯一的經濟作物。

海拔：1,300～1,900公尺
採收期：4～9月
品種：波旁、帝比卡、Arusha

菲律賓 THE PHILIPPINES

菲律賓經歷的咖啡歷史又是全然不同的故事。咖啡產業從原本身為該國的經濟基盤，一路演變至幾乎完全消失。菲律賓咖啡演進最常見的故事是由1740年展開，由西班牙僧侶在八打雁省（Batangas）的利帕（Lipa）種下。咖啡就在西班牙殖民統治之下逐步興盛，並拓展至菲律賓全境。

1828年，西班牙人促進農耕的方式之一，即是獎勵任何種植並收成60,000平方呎（相當於六千顆咖啡樹）的人。一名農人便因為將黎剎省（Rizal）哈拉哈拉鎮（Jala Jala）改為施肥種植，贏得了一千元披索。這個成功例子也激勵了更多農人跟進，並增加了咖啡種植。

到了1860年代，菲律賓的咖啡出口進行的是健康貿易，其中的大型市場之一就是由舊金山為入口的美國市場。1869年，蘇伊士運河（Suez Canal）的完工也讓歐洲晉升為潛在市場。到了1880年代，菲律賓已是全球第四大咖啡產國，但是，令許多國家深受其害的葉鏽病，也在1889年一舉壓垮了菲律賓咖啡產業。

八打雁地區尤其受到葉鏽病與蟲害兩相結合的嚴重打擊（此地更是主要產區），產量在僅僅兩年後已剩原本的20%。部分咖啡樹苗移植到了北部的甲米地省（Cavite），並生長繁盛。然而，絕大多數的咖啡農都改種其他作物，菲律賓咖啡產業自此如同進入至少五十年的冬眠。

1950年代，菲律賓政治試圖復甦咖啡產業。在美國的協助之下，菲律賓引進了具抗病力品種與羅布斯塔，以此展開五年計畫。此計畫獲得了相當程度的成功，產量也的確提升。不過，直到1962或1963年，菲律賓咖啡產業才稱得上自給自足，咖啡進口也不再只是為了當地消費者。部分需求也來自當地菲律賓即溶咖啡工廠。

就許多層面而言，咖啡產業會反映國際價格，產業價格的起起落落也同時會受到供需影響。1975年的巴西霜害讓菲律賓有了再度成為咖啡出口國的短暫機會。

相較於近幾年的咖啡產量，菲律賓最近又再度提升。當地依舊有許多刺激產量的計畫正在施行，

左：一間位於菲律賓村莊的咖啡店。直到1960年代早期，菲律賓咖啡產量都依舊不足以滿足國內需求。如今，該國則能夠出口十分少量的咖啡。

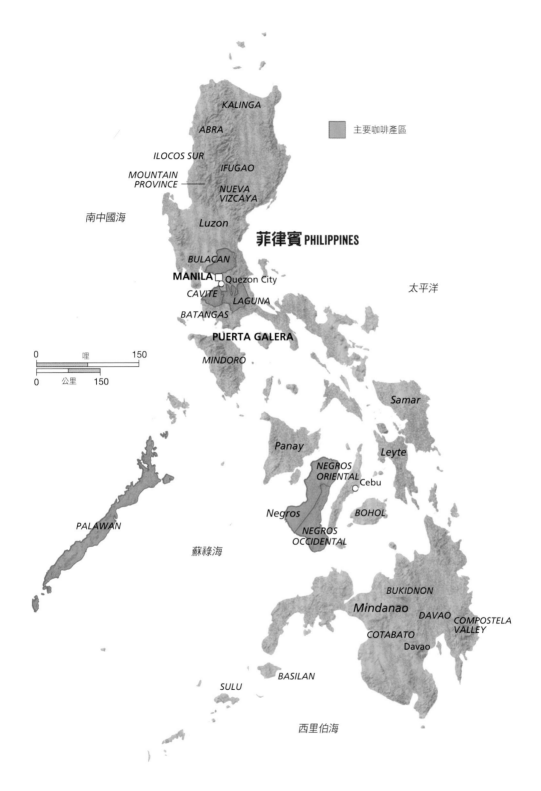

主要咖啡產區

KALINGA

ABRA

ILOCOS SUR

MOUNTAIN
PROVINCE

IFUGAO

NUEVA
VIZCAYA

南中國海

Luzon

菲律賓PHILIPPINES

BULACAN

MANILA Quezon City

太平洋

CAVITE

LAGUNA

BATANGAS

PUERTA GALERA

MINDORO

Samar

Panay

Leyte

NEGROS
ORIENTAL Cebu

PALAWAN

Negros

BOHOL

NEGROS
OCCIDENTAL

蘇祿海

BUKIDNON

Mindanao

DAVAO

COMPOSTELA
VALLEY

COTABATO

Davao

BASILAN

SULU

西里伯海

179

不過菲律賓國內的咖啡消費力仍然強勁，因此出口的咖啡量相當稀少。出口量小，再加上羅布斯塔的產量如此高，因此短時間之內應該很難有機會取得品質傑出的咖啡生豆。

然而，菲律賓現在正試著培植兩種世界其他地區難得一見的咖啡物種：賴比瑞亞（*Coffee liberica*）與伊克賽爾撒（*Coffea excelsa*）。雖然兩者目前都沒有展現令人興奮的風味口感，不過一旦有機會嘗試，一定會很有趣。

產銷履歷

菲律賓咖啡源自合作社、莊園與小型農地。品質越好的咖啡大多越容易取得產銷履歷，不過，這類咖啡很稀少。

風味口感

傑出菲律賓咖啡相當稀有，但較優質的批次擁有十分豐厚的口感、低酸度與淡淡的花香或果香。

次頁：一名農人正進行咖啡果實乾燥處理過程，此地位於 Calabarzon 產區的阿瑪德奧鎮（Amadeo）。菲律賓目前正試著重返全球咖啡生豆貿易產國的一員。

產區

人口：100,982,000 人
2016 年產量（60 公斤／袋）：200,000 袋

菲律賓由七千六百四十一座島嶼組成。因此，許多產區是由數座島嶼或區域結合而成，而不是以明顯的地理特徵劃分，如山脈。

科迪勒拉行政區

此產區為呂宋島（Luzon）北部的山區行政區，包括高山省（Mountain Province）、本蓋特省（Benguet）、卡林加省（Kalinga）、伊福高省（Ifugao）與阿布拉省（Abra），合稱為科迪勒拉行政區（Cordillera Administrative Region），這是菲律賓唯一一個全區位於單一島嶼內的產區，也是海拔最高種植區，不過羅布斯塔種植位置在北部的低海拔處。

海拔：1,000 ～ 1,800 公尺
採收期：10 ～ 3 月
品種：紅波旁、黃波旁、帝比卡、Mondo Novo、卡杜拉

CALABARZON

這個知名的行政區多數地理環境為低地，位於菲律賓首都馬尼拉（Manilla）周遭，並向南部與東部延伸。主要種植為阿拉比卡的品種。

海拔：300 ～ 500 公尺
採收期：10 ～ 3 月
品種：羅布斯塔、伊克賽爾撒、賴比瑞亞

MIMAROPA

此產區由幾座東南部的島嶼組成，其中包括四個省，分別為民都洛省（Mindoro）、馬林杜克省（Marinduque）、羅姆布隆省（Romblon）與巴拉望省（Palawan）。雖然此產區的山地可達較高的海拔，但咖啡種植地區的海拔都相對較低。

海拔：300 ～ 500 公尺
採收期：10 ～ 3 月
品種：羅布斯塔、伊克賽爾撒

VISAYAS

此為另一個由島群組成的產區，其中包括保和島（Bohol），此島因由眾多緩丘形成的特殊地景巧克力山（Chocolate Hills）而聞名。內格羅斯島（Negros islands）的火成岩質土壤很適合種植咖啡，但因海拔高度不足，所以少見風味優異的咖啡。

海拔：500 ～ 1,000 公尺
採收期：10 ～ 3 月
品種：卡帝莫、羅布斯塔

MINDANAO

此為菲律賓最南端的咖啡產區，也是產量最高的產區。此地種植的咖啡樹數量約占菲律賓全境的 70%。

海拔：700 ～ 1,200 公尺
採收期：10 ～ 3 月
品種：Mysore、帝比卡、SV-2006、卡帝莫、羅布斯塔、伊克賽爾撒

泰國 THAILAND

泰國咖啡源起傳說中,最知名的故事是從1904年展開。當時,一位至麥加朝聖的穆斯林在返鄉路途行經印尼,帶回了羅布斯塔植株,並種在泰國南部。另一則傳說則是一名義大利移民在1950年代,將阿拉比卡引入泰國北部。不論這兩則傳說是否真有此事,泰國的咖啡一直到了1970年代才足以稱為重要的經濟作物。

1972至1979年間,泰國政府針對北部地區施行了一項試驗性計畫,希望鼓勵當地農人將原本可加工為鴉片藥劑的罌粟田,改為種植咖啡。由於咖啡為高經濟價值作物,應值得為此放棄原有的鴉片作物,以及伴隨此作物的火耕農法。雖然此計畫為泰國咖啡產業的起點,但是,咖啡登上泰國主要作物的地位又花了一段漫長的時間。

1990年代早期,泰國咖啡產量到了高峰,但當時的國際咖啡價格波動令咖啡生產者卻步,因此在至少二十年間,咖啡產量一直有明顯的動盪。由於泰國北部主要生產阿拉比卡,而南部多數為羅布斯塔,因此泰國北部山區受到價格波動的影響較大。

精準地追溯泰國咖啡來源十分困難,因為當地咖啡經常從邊境走私到寮國與緬甸。

如今,泰國已置身於傑出咖啡產國中穩定累積名聲的新秀位置。雖然絕大多數泰國咖啡的品質都不是特別優秀,但有部分農場與合作社都正非常努力地嘗試生產優質咖啡。另外,國內優質咖啡的銷量提升也有助於泰國咖啡產業的發展。

產銷履歷

泰國咖啡鮮少來自單一莊園,比較常見的是由專注於生產優質咖啡組成的團體或合作社。

緬甸 MYANMAR

CHIANG RAI

CHIANG MAI

Chiang Mai

MAE HONG SON

LAMPANG

寮國 LAOS

TAK

Mekong

Udon Thani

泰國 THAILAND

Nakhon Ratchasima

Tha Chin

Chao Phraya

Mae Klong

BANGKOK

緬甸 MYANMAR

柬埔寨 CAMBODIA

安達曼海

暹邏灣

CHUMPHON

RANONG

Koh Samui

主要咖啡產區

0　哩　250
0　公里　250

SURAT THANI

PHANGNGA

KRABI

NAKHON SI THAMMARAT

Hat Yai

馬來西亞 MALAYSIA

產區

人口：68,864,000人

2016年產量（60公斤／袋）：664,000袋

北部產區

泰國北部山區由幾個生產咖啡的省分組成，包括清邁府（Chiang Mai）、清萊府（Chiang Rai）、南邦府（Lampang）、湄宏順府（Mae Hong Son）與達府（Tak）等。此產區所有精品咖啡生豆都經由泰國咖啡品牌「Doi Chaang collective」負責貿易。

海拔：1,000～1,600公尺
採收期：11～3月
品種：卡杜拉、卡帝莫、卡圖艾

南部產區

泰國南部產區僅種植羅布斯塔，種植咖啡的省分包括蘇叻他尼府（Surat Thani）、春蓬府（Chumphon）、洛坤府（Nakhon Si Thammarat）、攀牙府（Phang Nga）、甲米府（Krabi）與拉廊府（Ranong）。

海拔：800～1,200公尺
採收期：12～1月
品種：羅布斯塔

上：社區中的咖啡工人們正在「Doi Chaang collective」公司挑揀咖啡生豆，此地位於清萊府高地。

前頁：散布在太陽底下等待乾燥的咖啡生豆，此地位於主要種植阿拉比卡的泰國北部。而泰國南部則盡數種植羅布斯塔。

風味口感

較優質的泰國咖啡風味香甜、頗為純淨，但酸度相對偏低。經常會有由辛香料與巧克力調性，形成相對豐厚的口感。

一名女子正在清萊府地區的咖啡農地採收紅色熟成的咖啡果實，此時正是泰國北部咖啡收成季開始的十一月，收成季會持續到三月。

越南 VIETNAM

在這本詳述高品質精品咖啡的書中，納入越南確實不尋常，畢竟越南主要生產羅布斯塔品種。不過，越南在咖啡產業的地位非比尋常，因為此地咖啡對每個咖啡生產國都有顯著影響，實在值得放入書中讓讀者對此國有所了解。

咖啡是在1867年由法國人帶入越南。最初是以種植園模式培育，直到1910年才開始達到商業規模。位於中央高地（Central Highland）的邦美蜀（Buôn Ma Thuôt）咖啡種植在越戰時期中斷。戰爭結束後，咖啡產業開始變得集團化，產值與產量都大幅降低。在這段期間，約莫2萬公頃的土地產有5,000～7,000噸的咖啡。之後的二十五年間，咖啡種植土地增加了二十五倍，而全國總產量則成長了一百倍。

這樣的成長率得歸功於1986年允許私人企業生產商業作物的「改革開放政策」（Doi Moi）。到了1990年代，越南出現大量的新公司，其中許多專注於大規模的咖啡生產。此時期的咖啡價格居高不下，尤其1994至1998年間，因此業界熱中於提高生產量。1996至2000年代，越南咖啡產量呈雙倍成長，也對全球咖啡售價帶來重大影響。越南成為全球第二大咖啡生產國，致使全球咖啡供過於求，造成咖啡價格崩盤。

即使越南生產的羅布斯塔多於阿拉比卡，仍舊影響了阿拉比卡的售價，因為許多大規模買家重視的是數量，而非品質，因此供過於求的低價咖啡正好符合所需。

風味口感

高品質咖啡極少。多數口感都相當平淡，帶著木質氣息，缺乏甜美度或特色。

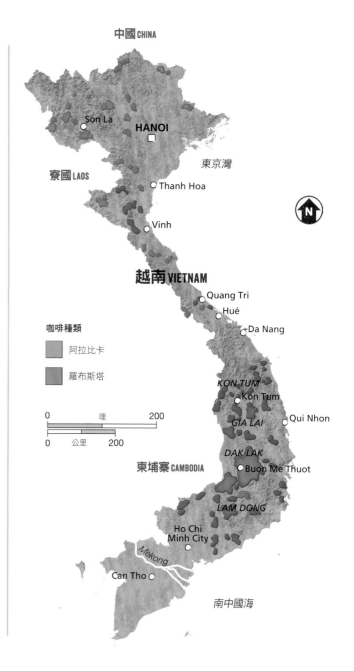

中國 CHINA

Son La

HANOI

東京灣

寮國 LAOS

Thanh Hoa

Vinh

越南 VIETNAM

Quang Tri

Hué

Da Nang

咖啡種類

阿拉比卡

羅布斯塔

KON TUM

Kon Tum

Qui Nhon

GIA LAI

0　　　哩　　200

0　公里　200

DAK LAK

柬埔寨 CAMBODIA

Buon Me Thuot

LAM DONG

Ho Chi Minh City

Mekong

Can Tho

南中國海

2000年，咖啡最高產量達到90萬噸，之後產量大幅降低。然而，當咖啡價格恢復常態時，越南的咖啡產量也回復過往的景況。近年來產量更突飛猛進，2012與2013年達到約130萬噸，因此對全球產業持續產生莫大的影響。現今，市場對越南阿拉比卡咖啡的需求益發增加。不過，越南缺乏較高海拔的地理環境，因此要生產出高品質產品仍是挑戰。

產銷履歷

　　越南境內有不少大型莊園，多半由跨國企業控制。因此可能可以取得咖啡的產銷履歷，不過，要找到高品質咖啡並不容易。

右：越南是全球第二大咖啡產國，多數咖啡以人工採收。照片拍攝於邦美蜀的某座種植園，工人正在挑除新鮮咖啡果實收成中的枝條與葉子。

產區

人口：92,700,000人
2016年產量（60公斤／袋）：
26,700,000袋
因為市場對於具產銷履歷的咖啡需求極少，因此境內沒有咖啡烘焙業者常使用的明確產區規範。

中央高地

此區是由一連串的高地所組成，包含多樂省（Dak lak）、林同省（Lam Dong）、嘉萊省（Gia Lai）與崑嵩省（Kon Tum）等省分，主要生產羅布斯塔品種。咖啡產業集中於區域首府邦美蜀四周。主要生產地區為多樂省與林同省，共種植全越南約70%的羅布斯塔。阿拉比卡在中央高地的種植歷史約莫一百年，種植區域多在林同省大叻市（Dalat）附近，不過僅占全國產量極小部分。

海拔：600～1,000公尺
採收期：11～3月
品種：羅布斯塔、部分阿拉比卡（可能是波旁種）

南部產區

胡志明市東北部的同奈省（Dong Nai）四周擁有部分咖啡農田，主要為羅布斯塔品種，也吸引眾多大廠的注意，例如希望改善其咖啡供應鏈的雀巢公司（Nestlé）。

海拔：200～800公尺
採收期：11～3月
品種：羅布斯塔

北部產區

阿拉比卡種植在越南北部山羅省（Son La）、清化省（Thanh Hoa）與廣治省（Quang Tri）等地，靠近河內市（Hanoi）。此產區有足夠的海拔高度提供阿拉比卡較佳的生長環境，但高品質咖啡則少見。即便阿拉比卡在越南的總產量僅占3～5%，卻足以成為全球第十五大的阿拉比卡生產國。

海拔：800～1,600公尺
採收期：11～3月
品種：波旁、Sparrow（或稱Se）、卡帝莫、羅布斯塔

一名工人正搬運一袋咖啡，此地位在越南南部平陽省（Binh Duong）一間由共產黨外銷廠經營的倉庫。多數來自越南南部的咖啡都屬於羅布斯塔。

葉門 YEMEN

葉門生產商業咖啡的歷史比任何國家都長。當地咖啡極為獨特，口感相當不尋常，因此或許並不容易被一般人接受。即使葉門咖啡的市場需求極大，但當地咖啡貿易從未隨商業咖啡市場而變化。葉門咖啡絕對獨一無二，從品種、梯田式咖啡種植、處理方式到產業，在在都顯現與眾不同的特色。

咖啡自衣索比亞傳到葉門，可能由商隊傳入，或是由從衣索比亞前往麥加的朝聖者帶來，在十五至十六世紀間已有相當規模。因為從此地外銷的咖啡，也使摩卡港（Mocha）聲名大噪。不過，我認為「摩卡」兩字可以說是咖啡辭彙中最令人困惑的名詞了（見下頁框文）。

葉門境內僅有3%的土地適合農耕，而農業發展的限制主要為水源。咖啡在梯田生長，海拔高，並需要額外的人工灌溉讓咖啡健康茁壯。許多農民仰賴地下水等非再生資源，因此也有擔心資源耗盡的聲音。肥料施灑並不常見，因此土壤養分的流失也是個問題。這一切因素，再加上咖啡產區位置偏遠，都可以解釋為何葉門境內會出現眾多源自阿拉比卡的不同品種；多數更是各產區所獨有。

葉門咖啡由人工採收，工人會在一季之內為同一棵咖啡樹進行採收。即使如此，選擇性摘採並不普遍，因此未熟或過熟的果實都會被同時採收。採收後的完整果實通常都會經過日曬乾燥處理，而且多半是在農民自家屋頂進行。這些屋頂少有足夠的空間，因此果實常會堆排而無法確實曬乾，出現乾

0 ———— 哩 ———— 150
0 ———— 公里 ———— 150

沙烏地阿拉伯
SAUDI ARABIA

阿曼 OMAN

Mahrat Mountains

SA'DAH

Midi

AMRAN

葉門 YEMEN

HAJJAH   Amran

MAHWWET   MARIB

SANA'A   SANA'A

Al Hudaydah

Hadramawt

紅海   RAYMAH   DHAMAR   AL BAYDA

阿拉伯海

Al Mukalla

AL DALI   Al Mansurah

IBB   Ibb

TA'IZZ   ABYAN

LAHJ

Mocha   Ta'izz

Socotra

Aden   亞丁灣   ■ 主要咖啡產區

燥不均、發酵或發黴等缺陷。

生產者經常僅種植少量咖啡。根據2000年人口普查報告顯示，境內約有九萬九千戶人家生產咖啡。根據估計，該年每戶生豆產量僅113公斤。

葉門咖啡的全球需求量極高，但外銷總量的一半都運往沙烏地阿拉伯。產量有限且生產成本極高，因此葉門咖啡的售價居高不下。但需求量卻沒有使葉門咖啡的產銷履歷變得透明化，咖啡的銷售須透過一連串從農民到出口商的中間商網絡。咖啡同時也極可能在出口商存放相當長的時間（通常好幾年），因為不少外銷者會將生產日期最早的存貨先消掉，而將最近期的收成存放在地下洞穴。

2015年開始的葉門內戰，對當地咖啡產業造成相當嚴重的影響。咖啡的實際產量雖然僅少量下滑，但出口量一路降至約戰前的一半。須特別注意的是，因葉門咖啡的高需求量與高售價，將衣索比亞生豆故意標示為葉門生豆的詐騙行為有增加的趨勢。

產銷履歷

想要追溯葉門咖啡的產地來源並不容易。多數情況下，咖啡名稱會冠上「摩卡」一詞，這是當地外銷港口名。生豆通常僅能追溯至特定區域，而非農地。另外，葉門的咖啡品種也常會用當地特有名稱稱呼，如Mattari。

擁有詳盡的產銷履歷並非品質保證。通常來自不同產區的咖啡豆會在外銷出口前被混合，然後使用最具市場價值的咖啡名稱出口。葉門咖啡之所以搶手，原因在於不尋常的口感與狂野而濃郁的

右：位於葉門首都沙那（Sana'a）西北部的古城麥斯納阿（Al-Masnaah），咖啡店家正在煮咖啡給顧客。葉門咖啡貿易已有幾百年歷史，現今來自此地的咖啡依舊搶手。

風味，如此風格的來源之一在於處理過程產生的缺陷。假如想要嘗試來自葉門的咖啡，建議向信賴的供應商購買。烘豆業者必須杯測相當多糟糕的咖啡樣品後，才能找到一款優異的咖啡豆，對於盲目購買的消費者來說是相當不利的情形，因為很可能買到一款口感不純淨，甚至帶著腐爛及令人不愉悅氣味的咖啡。

前頁：因水源不足，葉門境內僅有3%的土地適合農業種植。照片中傳統要塞小鎮的梯田是葉門種植咖啡的典型方式。

風味口感

狂野、複雜而濃郁，擁有不同於世界上眾多咖啡的獨特品飲經驗。對於某些人來說，這類帶著野性、略微發酵的果味令他們倒盡胃口；但對其他人來說則是讚賞不已的咖啡。

產區

人口：25,408,000人
2016年產量（60公斤／袋）：
125,000袋

請注意，西方的地名拼寫可能與葉門當地所用差異極大。每個葉門的產區名稱都是官方省分名，而非地理劃分的區域。葉門有二十一個行政區，其中僅十二個種有咖啡，重要生產者則更少。

SANA'A

許多自葉門外銷的咖啡都帶著產於此區的品種名。不過，品種名「Mattari」也可以用來描述在巴尼馬塔爾（Bani Matar）附近的一個區域，該品種名也可能源自於此。此區是在沙那市周遭，也是世上最古老且持續有人居住的城市之一，海拔2,200公尺，是全球最高的城市之一。沙那省也是葉門最大的咖啡生產區域。

海拔： 1,500 ～ 2,200公尺
採收期： 10 ～ 12月
品種： 原生品種如Mattari、
Ismaili、Harazi、Dawairi、
Dawarani、Sanani、Haimi

RAYMAH

這個小型行政區在2004年建立，生產境內相當大量的咖啡，近來也是非政府組織執行水資源管理計畫的重點產區，目的在於協助提升當地咖啡產量。

海拔： 平均1,850公尺
採收期： 10 ～ 12月
品種： 原生品種如Raymi、
Dawairi、Bura'ae、Kubari、
Tufahi、Udaini

MAHWEET

位於沙那省南部，臺維拉城（At-Tawila）在十五至十八世紀之間成為咖啡生產的重要樞紐城市。此地是咖啡自海港出口前的集散地。

海拔： 1,500 ～ 2,100公尺
採收期： 10 ～ 12月
品種： 原生品種如Mahwaiti、
Tufahi、Udaini、Kholani

SA'DAH

此行政區不幸在2004年起因內戰而受到重大災損。「sada」一字容易造成困惑，因為此字在阿拉伯文指的是一種黑咖啡，在中東十分受歡迎，飲用時通常會加上一些辛香料。

海拔： 平均1,800公尺
採收期： 10 ～ 12月
品種： 原生品種如Dawairi、
Tufahi、Udaini、Kholani

HAJJAH

這是另一個小型產區，圍繞著首都哈佳（Hajjah）。

海拔： 1,600 ～ 1,800公尺
採收期： 10 ～ 12月
品種： 原生品種Shani、Safi、
Masrahi、Shami、Bazi、
Mathani、Jua'ari

美洲

美洲是全球咖啡豆最大供應者，不過自此外銷出口的豆子在品質與種類方面都有極大差異。即便巴西的咖啡豆產量占全球三分之一，但是現在市場對來自小農所生產的稀有品種有著廣大興趣，例如巴拿馬的給夏品種。生態觀光、農耕永續發展與合作社等發展，也改變了美洲整體的咖啡採收與種植現況。

玻利維亞 BOLIVIA

玻利維亞絕對有潛力成為優質咖啡產地，如今也生產少量優質咖啡。全國總產量略少於巴西境內較大的單一咖啡園產量。但產量逐年減少，咖啡園逐漸消失的數量也驚人。或許在不久的將來，市面上將越來越難見到來自玻利維亞的優質咖啡。

關於咖啡是如何進入玻利維亞，以及境內咖啡種植歷史的資料實在少得可憐。自文獻發現，1880年代玻利維亞曾經大量生產咖啡，不過訊息僅限於此。玻利維亞的面積不小，與衣索比亞或哥倫比亞差不多。由於是內陸國，過去的外銷因此面臨一些挑戰，特別是時間與成本方面的額外開銷。

玻利維亞境內人口不多，僅有一千零五十萬人。多數人民都相當貧窮，全國約有25%的人口處於極度貧窮。這個國家仰賴礦物、天然瓦斯及農業，而咖啡種植僅占少數。種植用於製作毒品的古柯葉對經濟與農業所造成的影響至鉅，讓人難以忽視。許多咖啡農開始改種古柯葉，因為古柯葉的價格波動幅度較小，生產者因此能有更多生活保障。2010至2011年間，當咖啡價格高漲時，在玻利維亞與美國反毒品計畫的金援之下，許多農夫受到鼓勵轉為從事咖啡生產。不過，之後咖啡價格再度下滑，許多農民再度改回種植古柯葉。

以許多層面而言，玻利維亞都擁有理想的咖啡種植環境。海拔夠高，乾濕季分明。境內咖啡多屬古老原生品種，如帝比卡與卡杜拉。近來有些品質優異、風味純淨而複雜的咖啡自玻利維亞出口，不過此現象並非常態。

過去，咖啡生產者總是在採收完成後，先脫除咖啡果肉，再運送到中央處理廠。此流程產生了兩大問題：首先，在運送到處理廠的過程中，咖啡可能會結冰；其次，果肉仍存有相當的濕度，因此會繼續發酵，咖啡品質因此不佳且出現令人不悅的氣味。現在，越來越多講究品質的咖啡農開始在自家農場直接處理採收的果實。美國在玻利維亞境內各地補助建立幾家小型咖啡濕處理廠，這也是反毒品計畫金援補助的一部分。即便咖啡產業已做出不少改變以提升品質，但是玻利維亞咖啡依舊缺乏哥倫比亞或巴西等鄰國擁有的名氣。

如卓越杯等咖啡競賽則讓最佳的玻利維亞咖啡得以嶄露頭角。推薦大家可以花點心思尋找這些咖啡，趁它們還在市面存在之際及時享用。即便精品咖啡確實有較佳的報酬率，但就算是對品質有所要求的咖啡農也都開始逐漸放棄生產咖啡。

產銷履歷

　　玻利維亞咖啡通常都能追溯到單一農地或合作社。由於土地改革，擁有龐大土地的地主自1991年起已大幅減少。玻利維亞境內兩萬三千戶生產咖啡的家庭都是在1.2～8公頃不等的小型農地種植咖啡。玻利維亞的咖啡外銷則是由約莫三十家私人外銷公司負責。

產區

人口：11,411,000人

2016年產量（60公斤／袋）：
81,000袋

玻利維亞的咖啡產區少有明確的區域界定，因此不同的烘豆業者會以不同的慣用名稱稱呼產地。

YUNGAS

大約95%玻利維亞的咖啡產自此區，此地的咖啡品質也曾獲得歐洲的好評，雖然近來聲望略為下滑。這個位於安地斯山東側的區域由整片森林覆蓋，這片森林來自秘魯，跨越玻利維亞，再進入阿根廷。區內產有全球屬一屬二的高海拔咖啡，也是玻利維亞歷史最悠久的產區。威廉・烏克斯（Willam H. Ukers）在1935年出版的《關於咖啡的一切》（All About Coffee）中，將此區稱為「Yunga」。

玻利維亞的首都拉巴斯（La Paz）位於此產區西邊，因此許多咖啡買家必須行經著名的永加斯之路（Yungas Road），也是俗稱的「死亡之路」，才能造訪咖啡農地。這條路通常是單行道，相當曲折，這條沿山側開挖的道路沒有任何護欄足以保護車輛不致掉落至600公尺的山谷下。

此產區幅員遼闊，許多烘豆業者也會細分更精確的產區範圍，如Caranavi、Inquisivi或Coroico。

海拔：800～2,300公尺
採收期：7～11月

SANTA CRUZ

玻利維亞最東邊的區域，不過因為海拔不夠高，因此高品質咖啡並不常見。伊奇洛省（Ichilo）也有咖啡種植，但地位重要性不如稻米或木材。此區是全國經濟重鎮，因為多數天然瓦斯產於此地。

海拔：410公尺
採收期：7～11月

BENI

位於玻利維亞東北部，幅員廣大但人口稀少。技術上來說，此產區的一部分位於Yungas區內，不過也有小量咖啡種植於Yungas產區外。此區主要為牧牛，但也有不少農作物生產，如稻米、可可及熱帶水果。

海拔：155公尺
採收期：7～11月

左：玻利維亞很適合咖啡生長。不過地理位置使得咖啡外銷與生產變得相當困難。圖中這條自首都拉巴斯通往科羅伊科（Coroico）的古老道路，同時榮獲全球最危險的道路之稱。

巴西BRAZIL

巴西穩坐全球咖啡產國龍頭寶座已超過一百五十年。現今,巴西所種植的咖啡樹約占全球三分之一,巴西更曾經達到全球咖啡市占率80%。而此國家的咖啡是在1727年當巴西仍在葡萄牙統治時自法屬圭亞那傳入。

巴西的第一批咖啡是由巴耶達(Francisco de Melo Palheta)在巴西北部的帕拉(Para)種植。根據傳說,巴耶達因外交任務前往法屬圭亞那,魅惑了當地省長的妻子,在離開時,省長妻子贈送的花束藏有咖啡種籽。當時巴耶達回國後種下的咖啡樹可能僅能自家飲用,算不上是重要農作物。一直要到咖啡種植開始往南延伸,自小型咖啡園拓展成咖啡農場之後,情況才有所改變。

商業規模

商業規模的咖啡種植最初始於里約熱內盧附近的帕拉伊巴河(Paraiba River)。這裡很適合種植咖啡,一方面是地理環境理想,另一方面因鄰近里約熱內盧,利於外銷。不同於其他中美洲的小型咖啡農場,巴西最初的商業咖啡農場規模極大,是以奴隸為勞工的種植莊園。這般工業化生產形態在其他國家十分少見,可說是巴西咖啡生產專有。這種咖啡生產方式極具侵略性,意即勢力最強大、最具脅迫性的一方,便能贏得界線不明確的產權,再者每名奴隸更必須照料四千至七千棵咖啡樹。一旦土壤過度耗損,整座農場便搬移到新的區域重新種植。

咖啡生產在1820至1830年間開始蓬勃發展,產量超越巴西國內市場所需,進而得以外銷國外市場。控制咖啡生產的商人變得富可敵國且勢力龐大,被稱為「咖啡大王」(coffee barons)。巴西政府政策及對咖啡產業的支持,都會因為他們產生重大影響。

到了1830年,全球30%的咖啡皆由巴西生產,1840年增加到40%。如此大幅提升卻也造成全球咖啡價格下滑。直到十九世紀中葉,巴西咖啡產業都仰賴奴隸勞工。超過一百五十萬名奴隸被帶入巴西咖啡莊園工作。1850年,英國政府禁止巴西引進非洲奴隸後,巴西開始轉向外來移民或自己國內的奴隸交易。1888年,當巴西全面廢除奴隸制度時,人們擔心咖啡產業會因此垮臺,不過咖啡採收此後依舊順利進行。

咖啡產業再興

1880到1930年代,咖啡產業再度興起,這段時期更以當時兩大重要農產品稱呼。來自聖保羅(Sao Paolo)的咖啡大王與密那斯吉拉斯州(Minas Gerais)的酪農,為當時帶來重大影響,此一時期被稱為「咖啡與牛奶」(café com leite)時期。巴西政府在此時開始實行物價穩定措施,以保護並穩定咖啡價格。當市場需求低時,政府會從生產商以較高價格買入咖啡,並庫存咖啡豆直到市場價格提高。對咖啡大王們來說,這表示咖啡價格會維持穩定,避免了供過於求造成咖啡價格下滑。

到了1920年代,全球80%的咖啡豆已是來自巴西,咖啡產業也幫助這個國家興建了許多基礎設備。如此只增不減的產量最後造成咖啡生產過量,也加劇了1930年代全球經濟大蕭條時期對巴西所造成的傷害。之後,巴西政府不得不將七千八百萬袋的咖啡燒毀,希望藉此使咖啡價格恢復常態,可惜效果不彰。

到了第二次世界大戰時期,美國開始擔心隨著歐洲市場的關閉,咖啡價格的下滑可能促使中南美洲國家開始傾向納粹或共產黨。為使咖啡價格穩

委內瑞拉 VENEZUELA
蓋亞那 GUYANA
圭亞那 FRENCH GUIANA
蘇利南 SURINAME
哥倫比亞 COLOMBIA
大西洋
AMAZON
Amazon
Belém
Manaus
Fortaleza
Amazon
BASIN
Tapajós
Purus
Madeira
巴西 BRAZIL
Recife
São Francisco
祕魯 PERU
RONDÔNIA
Xingu
Aragu
Tocantins
BAHIA CERRADO
玻利維亞 BOLIVIA
Tocantins
BRAZILIAN
Salvador
CHAPADA DE MINAS
BAHIA PLANALTO
大西洋
BRASÍLIA
HIGHLANDS
咖啡種類
阿拉比卡
羅布斯塔
SÃO PAULO MOGIANA
CERRADO
Belo Horizonte
SUL DE MINAS
CONILON CAPIXABA
MONTANHAS DE MINAS
Paraná
Rio de Janeiro
巴拉圭 PARAGUAY
São Paulo
NORTE PIONEIRO DO PARANÁ
SÃO PAULO CENTRO OESTE
阿根廷 ARGENTINA
Porto Alegre
0　　哩　　500
0　　公里　　500
烏拉圭 URUGUAY

定，各國同意採取咖啡配額制度，進而簽下協約。這樣的協定使咖啡價格開始上漲，直到1950年代售價趨近穩定。這也進一步促使了四十二個生產國在1962年簽署的國際咖啡協議（ICA）。產國生產配額是根據國際咖啡組織（ICO）訂立的咖啡指標價格決定。假如價格下跌，配額便減低；倘若上漲，配額也隨之增加。

協議一直持續進行，直到1989年巴西拒絕接受配額減量，致使協議破裂。巴西自認是效率十足的生產國，在協約之外運行將更有利。國際咖啡協議的失敗便是迎來一個不受管制的市場，售價也在之後五年大幅下滑，咖啡危機產生，進而促使咖啡產業公平交易運動興起。

產量起伏

由於巴西在全球咖啡市場占有舉足輕重的地位，任何影響巴西咖啡生產的因素都會對全球咖啡售價帶來相對的影響。因素之一便是巴西農作物每年的交替生長循環。多年下來，眾人發現巴西的咖啡收成會出現一年大、一年小的循環。近幾年開始實行某些減緩此情形的措施，使每年產量得以更為

羅布斯塔產國

即使並非本書的重點，但巴西值得注意的特點之一便是除了阿拉比卡，同時也是全球羅布斯塔的主要產國之一。羅布斯塔在巴西稱為「Conillon」，主要產區為Rondonia。

穩定。這樣的差異源自咖啡樹本身會出現的大小產量交替循環，但可藉由適當的整枝來調整。輕度的整枝在巴西並不常見，因為生產者通常偏好大幅修整，因此次年僅會有少量收成。

過去曾發生不少影響咖啡產業的重要事件，像是1975年的黑霜害致使隔年產量減少了75%。全球咖啡價格也因霜害的侵襲立即呈兩倍成長。2000與2001年連續兩年產量都很小，這也使得2002年出現龐大的咖啡收成量，卻正好遇上當時因全球產量過剩，造成咖啡價格長期低迷。

現代咖啡生產

巴西無疑是全球最先進也最仰賴工業化咖啡生產的國家。因為著重產量，巴西在生產高品質咖啡的聲譽並不高。多數農場都採用相當粗劣的採收手法，像是直接剝除式採收（strip picking），將整段樹枝與咖啡果實全數一次剝除。假如咖啡莊園面積大且地勢平坦（巴西大型咖啡農場普遍如此），生產者則會以機械採收，方法是將咖啡果實從樹枝上搖下。這兩種方法都無法顧及果實的成熟度，因此最終採收的咖啡會有大量未熟果實。

有很長的一段時間，巴西絕大部分的咖啡果實都是在採收後於庭院進行日曬處理（詳見第32頁）。1990年代傳入巴西的半日曬處理法確實對品質提升有所助益。多年來，巴西的精品咖啡生產者（他們可能採用人工採收、水洗處理法、高海拔種植並搭配有趣的咖啡品種）必須不斷與大多數的巴西咖啡潮流抗衡，而巴西咖啡潮流正是因應調配義式濃縮咖啡所需的低酸度與高醇厚度而生產。

不過，雖然多數巴西咖啡都沒有種植在與品質有直接相關的高海拔地區，但此地依舊找得到許多有趣而美味的咖啡。同樣的，巴西也生產許多純淨而甜美的咖啡，加上酸度不高，讓許多人覺得十分易飲、美味。

國內消費量

巴西相當積極要提高境內咖啡消費量，這樣的努力也漸漸看到成效。或許從小就給小孩喝咖啡的做法不是所有人都能接受，但如今巴西的咖啡消費量已經追上美國。咖啡生豆不得進口至巴西，這表示在巴西種植的咖啡多數都在當地消費掉；不過一般來說，當地所喝的咖啡品質都低於外銷咖啡。

咖啡館在各大城市蓬勃發展，不過咖啡價格與歐美較佳的咖啡廳不相上下，也因此成為巴西境內貧富差距的另一象徵。

產銷履歷

高品質的巴西咖啡通常可追溯到特定的咖啡園（fazenda），低品質咖啡則是大批生產而無法追溯。標示「Santos」的咖啡僅表示這是經聖多斯港（Santos）外銷，與咖啡產區無關。產銷履歷與品質直接相關這點在巴西並不適用，因為境內有些咖啡園的咖啡產量要大過整個玻利維亞。雖然咖啡產地因生產規模而可追溯，但並不意味品質因此較高。

風味口感

較佳的巴西咖啡通常帶著低酸度，具醇厚度而風味甜美，一般會呈現巧克力與核果香氣。

次頁：一名巴西工人打開水洗槽的閘門，將乾淨的咖啡果實鏟到推車上。

產區

人口：207,350,000人

2016年產量（60公斤／袋）：
55,000,000袋

巴西有許多咖啡品種，當中許多是在此地發展或演化，包括蒙多諾沃、黃波旁、卡杜拉與卡圖艾。

BAHIA

此為巴西東部幅員遼闊的州，也是境內最北端的咖啡產區，近年來這裡產有越來越多耐人尋味的咖啡。特別是2009年卓越杯競賽時，最優異的十批咖啡中有五批來自此區，也因此得到廣大的矚目。

CHAPADA DIAMANTINA

這個美麗的區域以國家公園著稱，名稱來自當地的地理景觀：「Chapada」，指的是此區陡峭的懸崖；「Diamantina」則指在十九世紀此地所發掘的鑽石。區內不少咖啡是以自然動力法（biodynamic）種植；這是一種有機農耕法，是由魯道夫·斯坦那（Rudolph Steiner，譯註：十九世紀奧地利哲學家及改革家）所提倡。

海拔：1,000～1,200公尺
採收期：6～9月

下：一名巴西農民正以篩網將咖啡果實與外殼分離，外殼會直接被風吹走。

CERRADO DE BAHIA/WEST BAHIA

此產區以大規模、工業化與人工灌溉種植的咖啡著稱。政府鼓勵農業專案的一部分，為在1970年代末期及1980年代早期提供便宜信貸與獎勵措施，吸引了約六百名農民搬遷至此。到了2006年，此地已有150萬公頃的土地開發為農地，不過咖啡僅占少數。此區氣候穩定、溫暖、陽光普照，有助於高產量，因此要從此區找到優質咖啡也相對困難。

海拔：700～1,000公尺
採收期：5～9月

PLANALTO DE BAHIA

此產區多為小規模咖啡園，涼爽的氣候與高海拔有助於優質咖啡的生產。

海拔：700 ～ 1,300公尺
採收期：5 ～ 9月

MINAS GERAIS

位於巴西東南部，該州擁有全國幾個最高的山脈，提供咖啡種植所需的海拔。

CERRADO

此產區名稱字意為熱帶草園。雖然可以用來指稱綿延巴西數州的大草原，但用在咖啡上指的是密那斯吉拉斯州州西部的此產區。此區是相對較新的咖啡產區，或許也是因為如此，這裡多半為規模大且以機械採收的咖啡園為主。此區超過90%的咖啡園面積超過10公頃。

海拔：850 ～ 1,250公尺
採收期：5 ～ 9月

SUL DE MINAS

此區一直以來是多數巴西咖啡的產地，許多代代相傳的小農皆生活在此。或許，這裡的共同合作社也因此蓬勃發展。即使小規模咖啡生產相當普遍，不過此區依舊有不少相當工業化的區域，也有不少生產者使用機械採收。區內不少地區近來也吸引眾人的目光，包括Carmo de Minas。這個圍繞在卡莫村（Carmo）周遭的自治市，有不少生產者善用此地的土壤與氣候進而生產優異的咖啡。

海拔：700 ～ 1,350公尺
採收期：5 ～ 9月

CHAPADA DE MINAS

相較於其他巴西南部產區，本區位置偏北。咖啡種植是在1970年代末期開始，產量較小，因地勢平坦，有些生產者採用機械耕作。

海拔：800 ～ 1,100公尺
採收期：5 ～ 9月

MATAS DE MINAS

此產區的咖啡產業發展相當早，1850至1930年間藉著咖啡與乳製品而變得十分富有。雖然近年來開始略有轉型，但農業收入的80%依舊來自咖啡。地形高低起伏，加上陡峭的山丘，咖啡因此必須以人工採收。即使境內有不少小農（區內超過一半的咖啡園小於10公頃），但是咖啡品質卻還沒有在此建立聲望。不過這樣的情況逐漸有所改變，區內也有不少咖啡園產有優異咖啡。

海拔：550 ～ 1,200公尺
採收期：5 ～ 9月

SAO PAOLO

聖保羅州內涵蓋了巴西較具知名度的咖啡產區：Mogiana，這個區域的名稱來自1883年成立的蒙吉安納鐵路公司（Mogiana Railroad Company），不僅精進了交通運輸方式，咖啡生產也能進一步擴張。

海拔：800 ～ 1,200公尺
採收期：5 ～ 9月

MATO GROSSO AND MATO GROSSO DO SUL

此區僅生產少量咖啡，廣大平坦的高地更適合牧牛，這裡也生長大量的大豆。

海拔：平均600公尺
採收期：5 ～ 9月

ESPIRITO SANTO

相較於其他巴西咖啡產區，此區面積較小。這裡是全國年產量第二大產區，首府維托利亞（Vittoria）則是主要的出口港。然而，將近80%的咖啡樹屬於羅布斯塔（Conillon）。此區南部的農民傾向生產阿拉比卡，這裡有生產更多有趣咖啡的潛力。

海拔：900 ～ 1,200公尺
採收期：5 ～ 9月

PARANÁ

有些人會說此州是全球最南端的咖啡產區，這裡也是巴西十分重要的農業區域。儘管面積僅占全巴西的2.5%，卻生產近25%的農作物。咖啡過去是區內產量最大的農作物，不過經歷1975年的霜害之後，許多生產者開始朝多樣化發展。過去此區生產約兩千兩百萬袋的咖啡，如今則僅約兩百萬袋。最初的殖民者選擇居住海邊，不過因為咖啡的種植，許多人因此遷往內陸。區內缺少高海拔區域，因此少有真正高品質的咖啡，但較涼爽的氣候形態有助於使果實緩慢成熟。

海拔：最高950公尺
採收期：5 ～ 9月

哥倫比亞 COLOMBIA

咖啡可能是在1723年由耶穌會修士傳入，不過源頭一直眾說紛紜。咖啡逐漸散布到境內各區成為經濟作物，但咖啡生產直到十九世紀末才真正開始占有舉足輕重的角色。到了1912年，咖啡已占哥倫比亞外銷總量的50%。

哥倫比亞很清楚行銷的價值，也很早便開始建立品牌形象。1958年創造出哥倫比亞咖啡代言人農夫胡安・帝茲（Juan Valdez），可說是他們最大的成功。胡安・帝茲與他的騾子成為哥倫比亞咖啡的代表，他們的圖像在咖啡包裝隨處可見，也出現在不同的廣告活動，過去幾年就有三位不同演員扮演。胡安・帝茲成為一個容易辨識的品牌，尤其在美國，同時也增加了哥倫比亞咖啡的附加價值。因早期的行銷標語如「高山咖啡」（Mountain Grown Coffee）以及不斷以「100%哥倫比亞咖啡」做推廣，使得哥倫比亞咖啡在全球消費者心目中有了獨特的地位。

這一切的行銷推廣計畫是由哥倫比亞咖啡農協會（Federación Nacional de afeteros, FNC）發起執行。協會創立於1927年，對咖啡產業來說相當不尋常。雖然許多國家都有各種組織專事外銷與推廣事宜，但是鮮少有規模如此龐大而複雜的組織。

哥倫比亞咖啡農協會是私人非營利組織，目的在於捍衛咖啡生產者的利益，資金源自咖啡外銷的特別稅收。由於哥倫比亞是全球幾個最大的咖啡生產國之一，因此該協會擁有龐大資金，成為一個巨大的官僚組織。變得官僚恐怕是難以避免，因為現今的哥倫比亞咖啡農協會由五十萬名咖啡生產者會員組成。

此協會表面上除了涉及咖啡行銷、生產及財務運作外，它的觸角更深入產區的社區發展層面，其針對社會及實體建設貢獻良多，包括郊區道路修築、設立學校與健康中心等。它另外也投資了諸多咖啡以外的產業，藉此協助區域發展及增進居民福利。

加勒比海

Pico Cristóbal Colón

Barranquilla

Cartagena

SIERRA NEVADA

Valledupar

NORTH SANTANDER

巴拿馬 PANAMA

Cauca

Magdalena

Cúcuta

委內瑞拉 VENEZUELA

Bucaramanga

ANTIOQUIA

Medellin

SANTANDER

太平洋

CALDAS

RISARALDA

CUNDINAMARCA

Meta

Ibagué

BOGOTÁ

QUINDIO

VALLE

TOLIMA

Cali

Guaviare

CAUCA

HUILA

哥倫比亞 COLOMBIA

NARIÑO

Apaporis

厄瓜多 ECUADOR

Caquetá

巴西 BRAZIL

主要咖啡產區

Putumayo

0　哩　200

0　公里　200

祕魯 PERU

哥倫比亞咖啡農協會與品質

　　近年來此協會與較注重品質的生產者之間出現了一些摩擦。因為此協會針對農民利益設想的方向，有時不一定對咖啡品質提升有所助益。哥倫比亞咖啡農協會設有研究部門「Cenicafé」，專事特定品種的培育，許多人認為此部門對Castillo品種的推廣在於產量提升，而非品質考量。不過兩種做法各有利弊，隨著全球氣候變遷對哥倫比亞咖啡產業的穩定性開始造成影響，即使最後必須犧牲一些風味較佳的品種，但依舊很難反對這個能保證咖啡農生計的品種。

產銷履歷

　　為了推廣哥倫比亞咖啡，哥倫比亞咖啡農協會創造出兩個術語：「Supremo」與「Excelso」。值得注意的是，兩者與咖啡豆大小有關，但無關品質。可惜這樣的分級也使產銷履歷變得十分模糊，因為咖啡豆可能來自許多不同的咖啡園，經過混

上：哥倫比亞咖啡產區面積為全球屬一屬二，外銷是由國立聯邦組織控管。境內擁有明確的產區界線，生產多樣化的咖啡。

合，以機械篩選後依大小做出分級。基本上，這是一般等級的咖啡，此名稱對想購買高品質咖啡的買家來說並無幫助。精品咖啡產業則致力於維持產銷履歷的存在。因此，如果想買到令人讚不絕口的咖啡，要確定這些豆子是來自特定區域，而非僅針對咖啡豆大小標示。

風味口感

哥倫比亞咖啡帶著許多風味，有的濃郁呈現巧克力味，有的宛如果醬般甜美帶著果香。各個產區也有許多極大差異。

位於哥倫比亞中西部山區Risaralda產區的大型咖啡園，生產境內某些最具知名度的咖啡。

產區

人口：49,829,000人
2016年產量（60公斤／袋）：
14,232,000袋

哥倫比亞擁有界線十分明確的產區，產有相當多元的咖啡品種。不論想要口感圓潤而濃郁，或是活力十足而多果香（或介於兩者）的咖啡，在哥倫比亞應該都找得到。各產區是以地理環境為分界，而非行政區，因此每個產區的咖啡出現類似風味也相當尋常。倘若你喜歡來自某個產區的咖啡，可能也會喜歡其他許多不同區域的咖啡。哥倫比亞的咖啡樹一年兩穫，分為主產季與副產季（當地稱為mitaca）。

CAUCA

此產區最出名的咖啡產自印札（Inza）與波帕楊（Popayán）市附近。波帕楊高原（Mesetade Popayán）海拔高，因而有適於咖啡生長的理想條件。加上近赤道且群山環繞，因此咖啡得以不受太平洋潮濕空氣與南方吹來的信風之影響，因此此區氣候全年都十分穩定。另外此地亦有著名的火山土壤。從古至今，此區雨季都是在每年10至12月，一年僅一季。

海拔：1,700～2,100公尺
採收期：3～6月（主產季），11～12月（副產季）
品種：帝比卡（21%）、卡杜拉（64%）、Castillo（15%）

VALLE DEL CAUCA

考加河（Cauca river）是哥倫比亞境內土壤最為肥沃的區域之一，考加河自安地斯山脈兩座大山之間流下。此區也是哥倫比亞武裝衝突最激烈的區域之一。在哥倫比亞，多數的農地都相當小，區內咖啡樹種植面積約75,800公頃，分屬兩萬六千座農園，為兩萬三千戶家庭所擁有。

海拔：1,450～2,000公尺
採收期：9～12月（主產季），3～6月（副產季）
品種：帝比卡（16%）、卡杜拉（62%）、Castillo（22%）

TOLIMA

此區是哥倫比亞惡名昭彰的叛亂組織「FArC」最後幾個據點之一，該組織對此區的控制直到近年來才解除。此區過去幾年都因戰爭而出入困難，來自此區的優質咖啡多半出自小農，經由共同合作社所組成的微批次咖啡豆。

海拔：1,200～1,900公尺
採收期：3～6月（主產季），10～12月（副產季）
品種：帝比卡（9%）、卡杜拉（74%）、Castillo（17%）

HUILA

威拉省（Huila）的土壤與地理環境都十分優異，適合咖啡種植。我品嘗過不少風味最複雜而多果香的哥倫比亞咖啡多半來自此區。境內有七萬名咖啡農，種植面積超過16,000公頃。

海拔：1,250～2,000公尺
採收期：9～12月（主產季），4～5月（副產季）
品種：帝比卡（11%）、卡杜拉（75%）、Castillo（14%）

QUINDIO

此地是哥倫比亞中部的一個小區域，位於首都波哥大（Bogotá）西邊。咖啡是區內相當重要的經濟作物，因為此區失業率極高。不過，隨著氣候變遷與咖啡樹病害的機率增加，種植咖啡的風險也隨之提高，促使許多農民開始改種柑橘樹與夏威夷豆。此地也是國立咖啡公園（National Coffee Park）所在地：一個以咖啡生產為主題的公園。自1960年起，卡拉爾卡市（Calarcá）每年六月底都會舉辦一場全國咖啡派對。整天的慶祝活動都與咖啡有關，包括全國咖啡之花選美大賽。

海拔：1,400～2,000公尺
採收期：9～12月（主產季），4～5月（副產季）
品種：帝比卡（14%）、卡杜拉（54%）、Castillo（32%）

RISARALDA

這是另一個有相當規模的咖啡產地，區內有很多隸屬於共同合作社的農民。因此吸引不少道德標章機構的注意。咖啡在此區的社會與經濟方面扮演極重要的角色，為許多人提供了工作與就業機會。1920年代，許多外來移民進入此區，多半是為了種植咖啡。千禧年之際的經濟蕭條，使不少人開始移居其他區域或國家。區內首府也是Caldas與Quindio兩產區的交通樞紐，其間的道路網絡則稱為「咖啡公路」（Autopista del Café）。

海拔：1,300～1,650公尺
採收期：9～12月（主產季），4～5月（副產季）
品種：帝比卡（6%）、卡杜拉（59%）、Castillo（35%）

NARIÑO

哥倫比亞某些海拔高的咖啡便種植於此，此區咖啡風味常令人目瞪口呆且具高複雜度。在如此高海拔地區種植咖啡極具挑戰性，因為植物容易得到梢枯病。所幸此產區十分接近赤道，因此氣候仍適合咖啡生長。區內四萬名生產者絕大多數是小農，每人擁有的咖啡園面積平均為2公頃。其中不少組成互助團體或機構彼此支持，同時也是與哥倫比亞咖啡農協會溝通協調的管道。事實上，區內平均咖啡園面積僅1公頃，全區只有三十七名生產者擁有超過5公頃土地。

海拔：1,500～2,300公尺
採收期：4～6月
品種：帝比卡（54%）、卡杜拉
（29%）、Castillo（17%）

CALDAS

卡達斯省（Caldas）、金迪歐省（Quindio）及里薩拉爾達省（Risaralda）同屬哥倫比亞「咖啡金三角」（Coffee-Growing Axis），三者總產量占據境內絕大多數的咖啡。過去很長一段時間，此區被認為是哥倫比亞最佳咖啡產區，不過現今其他產區已變得更具競爭力。哥倫比亞咖啡農協會所經營的國立咖啡研究中心（Cenicafé）也成立於此。這是全球公認的頂尖咖啡研究機構，哥倫比亞幾個獨特的品種（如具有疾病抵抗力的Colombia與Castillo品種）都在此培育出來。

海拔：1,300～1,800公尺
採收期：9～12月（主產季），4～
5月（副產季）
品種：帝比卡（8%）、卡杜拉
（57%）、Castillo（35%）

ANTIOQUIA

此省是哥倫比亞咖啡及哥倫比亞咖啡農協會的誕生地，也是重要的咖啡產區，種植面積達128,000公頃，為眾產區之冠。此地咖啡是由大型莊園與小型生產者組成的共同合作社所生產。

海拔：1,300～2,200公尺
採收期：9～12月（主產季），4～
5月（副產季）
品種：帝比卡（6%）、卡杜拉
（59%）、Castillo（35%）

CUNDINAMARCA

此省為首都波哥大所在地，也是全球海拔最高（2,625公尺）的首都，超過咖啡所能生長的高度。這是哥倫比亞第二個開始外銷的省分，產量在第二次世界大戰達到最高峰。當時，此區生產全國約莫10%的咖啡，之後產量開始逐漸減少。過去這裡有不少極大的莊園，部分莊園擁有超過百萬株咖啡樹。

海拔：1,400～1,800公尺
採收期：3～6月（主產季），10～
12月（副產季）
品種：帝比卡（35%）、卡杜拉
（34%）、Castillo（31%）

SANTANDER

這是哥倫比亞第一個開始外銷咖啡的產區之一，海拔比其他區域略低，此特點也能從咖啡風味展現：多半較為圓潤甜美，而非清鮮而複雜。此區不少咖啡都經雨林聯盟認證，此地也相當重視生態多樣化。

海拔：1,200～1,700公尺
採收期：9～12月
品種：帝比卡（15%）、卡杜拉
（32%）、Castillo（53%）

NORTH SANTANDER

此產區位於北部，與委內瑞拉相鄰，極早便有咖啡種植的紀錄，很可能是哥倫比亞第一個咖啡產區。

海拔：1,300～1,800公尺
採收期：9～12月
品種：帝比卡（33%）、卡杜拉
（34%）、Castillo（33%）

SIERRA NEVADA

這是另一個海拔較低的區域，因此風味口感較為濃重而圓潤，而非優雅而具活力。此區咖啡種在安地斯山區，擁有陡峭無比的山坡（50～80度），農民耕作極具挑戰性。產區名稱在西班牙語系國家相當常見，意為「白雪覆蓋的山脈」。

海拔：900～1,600公尺
採收期：9～12月
品種：帝比卡（6%）、卡杜拉
（58%）、Castillo（36%）

哥斯大黎加 COSTA RICA

咖啡自十九世紀早期便開始在哥斯大黎加種植。哥國在 1821 年脫離西班牙獨立後，當時的自治政府向農民發送免費的咖啡種子，鼓勵咖啡種植。據文獻紀載，當時的哥斯大黎加約有一萬七千棵咖啡樹。

1825年，哥斯大黎加政府持續推廣咖啡種植，方法在於免除咖啡某些稅率。到了1831年，政府更頒布命令，任何在休耕土地種植咖啡超過五年之人，便可以得到該地的所有權。

1820年，哥國已有一小部分的咖啡外銷到巴拿馬，但真正的外銷是從1832年開始。雖然這些咖啡最終要運往英格蘭，但首先會經過智利，並重新包裝命名為「Café Chileno de Valparaíso」。

在英國人增加對哥斯大黎加的投資後不久，兩地的直接外銷也自1843年開始。之後更在1863年創立了Anglo-Costa Rican銀行，提供資金使產業得以發展。

1846至1890年將近五十年的時間，咖啡是該

下：位於 San Isidro de Alajuela 的 Doka 咖啡種植園是哥斯大黎加極具組織規模的生產方式典範。自十九世紀起廣泛使用的濕處理廠是使此地咖啡利於外銷的原因之一。

國唯一外銷作物。咖啡的生產也促進了基礎建設的發展，例如境內第一條跨越全境、通往大西洋的鐵路建造，同時資助了 San Juan de Dios 醫院、第一間郵局、第一家公營印刷公司等的設立。此外還有文化方面的影響，像是國立戲劇院就是早期由咖啡經濟催生出產物，第一座圖書館與 Santo Tomás 大學也都是如此。

長久以來，哥斯大黎加的咖啡基礎建設便有助於在國際市場取得較佳的價格。水洗處理法在 1830 年引進；到了 1905 年，境內已有兩百間濕處理廠。水洗咖啡能獲取較高價格，經如此處理的咖啡通常品質較佳。此後，咖啡產業也繼續成長，直到各產區可種植的地點都飽和為止。境內人口從聖荷西（San José）向全國各處散布，農民四處找尋可供農耕之地。不過，並非境內所有土地都適合種植咖啡，這點至今依舊抑制了咖啡產業的成長。

不可否認的是，哥斯大黎加咖啡長期以來擁有絕佳的聲望，並能獲取較佳價格，即便產於此地的咖啡多半風味純淨且令人愉悅，但並非有趣而獨特。二十世紀下半，境內開始出現捨棄種植原生品種、轉向高產量咖啡品種的聲浪。當然，高產量對經濟成長確有助益，但許多精品咖啡買家則注意到此地咖啡杯測品質降低，甚至變得較不具吸引力。不過近年來出現一些轉變，讓人重新開始注意到哥斯大黎加的優質咖啡。

政府的角色

打從一開始，咖啡的種植在哥斯大黎加便受到大力鼓勵，政府更將土地分配給想要種植咖啡的農民。1933 年，因來自各咖啡產區的壓力，政府成立了一個名稱相當威猛的「咖啡防禦機構」（Institute for the Defence of Coffee）。一開始，這個組織的功能在於保護小型咖啡農不致遭到剝削，防止不肖商人不得便宜買入這些咖啡果實，再經處理後以高價賣出獲取高利。機構的做法是設定大型處理商的獲利上限。

1948 年，此政府機構更名為咖啡官方委員會（Oficina del Café），部分的職務則轉移到政府農業部。如今，這個組織已成為哥斯大黎加咖啡機構（Instuto del Café de Costa Rica, ICAFE），至今依舊運行中。哥斯大黎加咖啡機構對咖啡產業涉入極深，他們設立實驗農場，並在全球推廣哥斯大黎加的優質咖啡。組織資金來源是哥斯大黎加咖啡外銷獲利的 1.5%。

左：哥斯大黎加觀光產業蓬勃發展也帶動全國各地咖啡園觀光行程熱潮；部分咖啡園採用的是有機耕作。

次頁：位於 Carrizal de Alajuela 的採收工人排隊等待將剛採收的果實稱重。此咖啡園專門種植與出口高品質咖啡。

農場的咖啡互相混合，不過這樣的情況將越來越少發生。

正因如此，細細探索哥斯大黎加咖啡會讓人感到欣喜無比。現今要品嘗來自同一區域的不同咖啡變得更容易，因地理環境差距而出現的風格差異也變得明顯。

咖啡與觀光

哥斯大黎加是中美洲最先進也最安全的國家，使其成為十分受歡迎的觀光景點，吸引大量北美遊客。觀光業如今不但取代咖啡產業成為哥國主要經濟來源，同時也與咖啡產業相互衝擊與結合。生態觀光業在哥斯大黎加十分受歡迎，要參觀咖啡園也相當容易。提供咖啡觀光行程的通常是較不重視品質的大型咖啡園。但是能近距離了解咖啡生產過程也是件十分有意思的事。

產銷履歷

目前在哥斯大黎加，咖啡農擁有自己的土地是十分常見的事，九成的咖啡生產者都有小到中型規模的土地，也因此要將咖啡追溯至單一咖啡園或特定共同合作社是可能的。

微處理廠革命運動

哥斯大黎加的咖啡長久以來在品質上深獲好評，也因此在國際商業咖啡市場得以獲取高價。精品咖啡市場開始發展後，產業缺乏的是咖啡的可追溯性。在千禧年前後，來自哥斯大黎加的咖啡包裝上多半是以大型處理廠或咖啡農為名。這類品牌對咖啡的出處、產區風土或品質的標示都相當模糊。處理過程也很少著重每批咖啡的獨特性。

到了 2000 年代中期與晚期，境內開始出現許多微處理廠（micro mill）。咖啡農各自投注資金購入自有後製處理設備，因此得以自行處理大部分的咖啡。這表示他們對各自的咖啡與風格擁有更多掌控權，來自哥斯大黎加各產區的咖啡也大量增加。一直以來，風味獨特或不尋常的咖啡通常都會與鄰近

風味口感

哥斯大黎加咖啡通常十分純淨甜美，但醇厚度偏向淡雅。不過近來許多微處理廠開始生產風味口感與風格多樣的咖啡。

產區

人口：4,586,000人
2016年產量（60公斤／袋）：
1,486,000袋

哥斯大黎加過去以不同產區名稱行銷咖啡的手法相當成功。不過每個產區的咖啡風味口感差異相當大，因此多了解不同產區之間的差異十分值得。

中央谷地

首都聖荷西位於此區，也是哥斯大黎加人口最密集的城市，咖啡種植歷史也最為悠久。區內通常分為幾個子產區：San José、Heredia與Alajuela；三座重要的火山也在此區：伊拉蘇（Irazu）、布拉瓦（Barva）與波阿斯（Poas）火山，因此影響了此地的地形與土壤。

海拔：900～1,600公尺
採收期：11～3月

西部谷地

十九世紀時，第一個進入此區開發的農民也開始種植咖啡。區內分為六個子產區，分別位於聖拉蒙（San Ramón）、帕爾馬雷斯（Palmares）、納蘭赫（Naranjo）、格雷西亞（Grecia）、莎奇（Sarchi）與亞提納斯（Atenas）等城市周遭。莎奇城的名字也與一種特別的咖啡品種Villa Sarchi一致（詳見第25頁）。區內海拔最高處在納蘭赫城附近，許多優異咖啡也都產於此。

海拔：700～1,600公尺
採收期：10～2月

TARRAZÚ

多年來，此產區的咖啡品質深受好評。來自此區的咖啡多數都屬高品質等級，這類咖啡可能源於不同咖啡園混合批次。不過，因為此產區多年來的優質品牌名聲，許多來自區外的咖啡也開始使用此產區名稱以增加價值。此國境內海拔最高的咖啡園位於此區，正如其他區域，此地受惠於採收季的乾燥氣候。

海拔：1,200～1,900公尺
採收期：11～3月

上：Doka咖啡園剛採收下來的咖啡果實。工人採收的果實成熟比例越高與尺寸越大，越能得到高價。

TRES RIOS

位於聖荷西東部的這個小產區同樣受惠於伊拉蘇火山。直到近期,這裡都被視為地處偏遠的產地,不過現今咖啡產區所面臨的挑戰已不再是如何取得電力或基礎設備,而是都市化發展。越來越多土地都被用來建造房舍,在土地逐漸賣給建商的同時,此區的咖啡產量亦年年縮減。

海拔:1,200 ~ 1,650公尺
採收期:11 ~ 3月

OROSI

這是另外一個位於聖荷西更東邊的小產區,咖啡生產已有超過百年的歷史。此區基本上是個相當長的河谷,區內包含三個副產區:Orosi、Cachí 與 Paraíso。

海拔:1,000 ~ 1,400公尺
採收期:8 ~ 2月

BRUNCA

此產區又可再分為兩個小產區:與巴拿馬相鄰的 Coto Brus 以及 Pérez Zeledón。Coto Brus 在經濟方面更為仰賴咖啡產業。義大利移民在第二次世界大戰後來到此地,與哥斯大黎加人一起在此區開始種植咖啡。Pérez Zeledón 的咖啡則是最初在十九世紀末由來自中央谷地區域的移民所種植。此區許多咖啡都是卡杜拉或卡圖艾品種。

海拔:600 ~ 1,700公尺
採收期:8 ~ 2月

TURRIALBA

因為氣候與降雨量,此區的咖啡採收時間早於其他區域。乾濕兩季並不明顯,因此這裡的咖啡樹普遍會出現多重開花期。這樣的氣候對此地咖啡產業來說是個挑戰,因此高品質的咖啡在此相當少見。

海拔:500 ~ 1,400公尺
採收期:7 ~ 3月

GUANACASTE

這個位於西部的產區範圍相當大,但是僅有極小部分用來種植咖啡。此區經濟仰賴肉牛豢養與稻米種植的程度高於咖啡,不過還是有大量的咖啡生產,只不過多生長在低海拔,因此優質咖啡較為少見。

海拔:600 ~ 1,300公尺
採收期:7 ~ 2月

古巴 CUBA

古巴咖啡在1748年由伊斯帕尼奧拉島（Hispaniola）傳入，不過一直要到1791年逃離海地革命的法國移民進入後，才開始有所謂的咖啡產業。到了1827年，島上有約兩千座咖啡園，咖啡也成為主要的外銷產品，獲利高於製糖業。

1953至1961年間的卡斯楚革命後，隨之而來的是咖啡園的國有化以及產量的大幅減少。自願種植咖啡的人沒有任何經驗，而先前在咖啡園工作的農民則因革命逃離古巴。咖啡的種植在島上歷經一段動盪時期，政府也沒有以任何獎勵措施來推動咖啡產業，不過咖啡產量倒是在1970年代達到高峰，生產約3萬噸的咖啡。在古巴咖啡產業發展舉步維艱的同時，其他中美洲產國則在國際市場外銷上擁有極大的成功。

蘇聯的瓦解促使古巴變得更為孤立，美國對古巴的貿易禁運，更代表一個潛在市場就此移除。日本是古巴咖啡的主要進口國，歐洲也是個重要市場。境內最優異的咖啡多半都外銷出口，通常約占總產量的五分之一，其他則在國內消費。古巴所產的咖啡產量不敷國內市場需求，2013年更花費近四千萬美元在進口咖啡上。進口到古巴的咖啡品質並非最高，因此價格相對便宜。但是居高不下的市價迫使古巴必須將咖啡摻入烤豌豆才能有足夠的產量。

現今，古巴咖啡的產量依舊相當低，每年生產約6,000至7,000噸。許多設備都很老舊，多數生產者仍仰賴騾子運輸。道路往往因著雨季與乾旱交替而嚴重受損，而且也沒有定期維護。咖啡通常都經日曬風乾，有時則以機械乾燥。外銷的咖啡則是水洗處理。古巴的氣候與地形很適合咖啡生長，而低產量更讓咖啡價值高升。不過，目標放在製造高品質咖啡的生產者，則須面對極大的挑戰。

產銷履歷

古巴咖啡不太可能追溯到單一咖啡園，通常僅能到特定產區或子產區。

古巴咖啡

為數不少的古巴咖啡處理方式在全世界廣為流傳，包括Cortadito、Café con leche與Café Cubano；後者所指的是一種在咖啡粉加入糖後所沖泡出的義式濃縮咖啡。在許多國家（尤其是美國）的廣告中經常可以看到「古巴咖啡」（Cuban Coffee）的字眼。因為貿易禁運的緣故，真正的古巴咖啡在美國屬於非法，但是「古巴咖啡」多半用來指稱Café Cubano。來自巴西的咖啡通常也拿來代表古巴咖啡應有的風味口感，不過此情況有造成消費者困惑的疑慮，同時標示也會出現混亂。

風味口感

古巴咖啡帶著島嶼咖啡特有的風味：相對低酸度而醇厚度濃郁。

產區

人口：11,239,000 人

2016 年產量（60 公斤／袋）：
100,000 袋

古巴是加勒比海的最大島嶼，境內多為低海拔的平原，但其中也有不少山區適合咖啡種植。

SIERRA MAESTRA

此多山區域沿著南部海岸延伸，自 1500 年代直到 1950 年代的革命時期，一直是游擊隊長期出沒之地。島上多數咖啡都產於此。

海拔：1,000 ～ 1,200 公尺
採收期：7 ～ 12 月
品種：多為帝比卡，也有些波旁、卡杜拉、卡圖艾、卡帝莫

SIERRA DEL ESCAMBRAY

古巴咖啡少部分產於此島中部山區。

海拔：350 ～ 900 公尺
採收期：7 ～ 12 月
品種：多為帝比卡，也有些波旁、卡杜拉、卡圖艾、卡帝莫

SIERRA DEL ROSARIO

此區咖啡園自 1790 年便存在，不過現今僅產有極少量古巴咖啡。山區也是古巴的第一個生態保護區。

海拔：300 ～ 550 公尺
採收期：7 ～ 12 月
品種：多為帝比卡，也有些波旁、卡杜拉、卡圖艾、卡帝莫

上：即便氣候與地形很適合種植咖啡，古巴咖啡產業卻因簡陋的基礎設施與設備不足而難以發展。

多明尼加 DOMINICAN REPUBLIC

咖啡是在1735年來到這個由西班牙控管的伊斯帕尼奧拉島,亦即現今的多明尼加。最早的咖啡園可能是位於巴奧魯科(Bahoruco Panzo)的山丘,靠近內巴(Neyba)。到了十八世紀末,咖啡成為糖以外最重要的農作物,不過兩者的種植都仰賴奴隸制度,直到1791年的革命才告終。

咖啡的生產要到1822至1844年間才真正落地生根,尤其是南部山區的瓦爾德西亞(Valdesia)便擁有數個咖啡產區,到了1880年,成為境內主要咖啡製造中心。1956年,多明尼加開始從特定產區外銷咖啡,主要是Bani、Ocoa與Valdesia等產區。1960年代,這幾個產區的農民開始變得更有組織,1967年成立處理廠,擁有一百五十五名會員。

一如許多咖啡產國,二十世紀末咖啡價格的動盪與不可預期使得農民開始減低對咖啡外銷的依賴性,許多人開始改種豆科作物或酪梨,不過有些農民仍保存著一小部分的咖啡以便等待咖啡價格恢復。雖然瓦爾德西亞並非政府法定產區,但此區農民在2010年推出Cafe de Valdesia品牌後,便開始尋求保護此產區名稱的方式。

外銷與國內消費

有趣的是,自從1970年代末期後,多明尼加的咖啡產量改變不大,外銷數量卻大幅減低,現今僅約20%的咖啡供外銷出口。這是因為國內咖啡需求量大,每人每年咖啡消耗量約3公斤,超過英國。

2007年,外銷量的一半是透過波多黎各,算是進入美國的門戶,其餘則銷售到歐洲與日本。

自2001年起,越來越多外銷出口的咖啡都是以有機耕作並經過認證,使產業大幅提升價值與利潤。值得一提的是,雖然有機耕作基本上是好的,並不表示這類咖啡的杯測品質較佳。

有些人認為因多明尼加國內消費量大,欠缺外來競爭對手與其抗衡,導致整體咖啡品質低落。儘管如此,境內依舊有不少優質咖啡。

風味口感

典型的島嶼風味口感,品質較佳的通常溫和純淨,為酸度低至中度的咖啡。

產銷履歷

　　雖然境內有不少具追溯性的咖啡，通常可找到特定咖啡園，不過多數外銷出口的咖啡頂多只能追溯回產區。這些咖啡多半是以豆子的尺寸大小做分級，並採用「Supremo」等名稱，或許品質略優，但與杯測品質無關。

產區

人口：10,075,000人
2016年產量（60公斤／袋）：
400,000袋

多明尼加的氣候與許多咖啡生產國有所不同。境內的氣溫或降雨量等都沒有明確的季節分別。這表示咖啡幾乎全年都可生產，不過主要產季一般是在十一至五月。

左：此處位於Barahona產區的山區種植地，是多明尼加境內高品質的產地。

BARAHONA

此產區位於島上西南方，來自此區的咖啡多數種在巴奧魯科山脈周遭。相較於其他國家，此區咖啡品質已建立起名聲。農業是主要產業，而咖啡則是主要農作物。

海拔：600 ～ 1,300公尺
採收期：10 ～ 2月
品種：帝比卡（80%）、卡杜拉（20%）

CIBAO

咖啡、稻米及可可並列此區的重要農作物。此產區位於島上北部，名稱意思為「多岩之處」。此產區確切位置於中央山脈（Central）與北部山脈（Septentrional）之間的河谷。

海拔：400 ～ 800公尺
採收期：9 ～ 12月
品種：帝比卡（90%）、卡杜拉（10%）

CIBAO ALTURA

此區是指Cibao產區海拔較高的區域。

海拔：600 ～ 1,500公尺
採收期：10 ～ 5月
品種：帝比卡（30%）、卡杜拉（70%）

中央山區／CORDILLERA CENTRAL

這是多明尼加境內最高的山脈，別稱是「Dominican Alps」。此區的地形與周遭極為不同，是唯一一個咖啡生長在花崗岩基盤的產區，而非鈣質土壤。

海拔：600 ～ 1,500公尺
採收期：11 ～ 5月
品種：帝比卡（30%）、卡杜拉（65%）、卡圖艾（5%）

NEYBA

此區以當地首府命名，也稱為Neiba，位於島上西南部。地勢平坦，以葡萄、芭蕉與糖的種植為主，咖啡則種在地勢較高的內巴山（Sierra del Neyba）。

海拔：700 ～ 1,400公尺
採收期：11 ～ 2月
品種：帝比卡（50%）、卡杜拉（50%）

VALDESIA

應該是島上知名度最高的產區，也被賦予法定產區（Denomination of origin）地位，以便保護此區農產品的外銷價值。由於地理界線擁有明確的保護，因此聲望良好，來自此地的咖啡可獲得略高價格。

海拔：500 ～ 1,100公尺
採收期：10 ～ 2月
品種：帝比卡（40%）、卡杜拉（60%）

厄瓜多 ECUADOR

咖啡在較晚近的1860年左右才來到厄瓜多馬納比省（Manabí）。接著，咖啡逐漸散布全國。1905年，厄瓜多的咖啡開始自曼塔港（port of Manta）外銷到歐洲。厄瓜多是少數境內同時種植阿拉比卡與羅布斯塔的國家。

當植物疫病在1920年代重創可可樹後，許多農民開始將目標轉移到咖啡。咖啡外銷在1935年開始起飛，過去二十二萬袋的產量，到了1985年成長到一百八十萬袋。1990年代發生全球咖啡危機，境內產量也無可避免地減低。2011年，年產量再度恢復到約一百萬袋。一直到1970年代，咖啡都是厄瓜多主要的外銷經濟作物，不過後來便被油、蝦子與香蕉所取代。

厄瓜多人的即溶咖啡消費量大於新鮮咖啡。妙的是，因為厄瓜多咖啡生產成本不低，因此即溶咖啡製造廠必須自越南進口，而非使用本地咖啡豆。

厄瓜多的咖啡品質聲望不高，原因之一在於總產量的40%為羅布斯塔，但多數厄瓜多外銷咖啡品質依舊相對較低。為壓低成本，許多咖啡都在樹上或庭院內乾燥後才採收，當地稱這樣的日曬處理法為「café en bola」。這類咖啡通常用來做即溶咖啡，全國83%的外銷咖啡都是使用日曬處理法。

哥倫比亞是主要進口國之一，因為哥國的即溶咖啡製造商願意付出的價格比厄瓜多當地高。這是因為哥倫比亞咖啡品牌在外銷市場十分強勢，因此也相對昂貴。

雖然咖啡在厄瓜多擁有悠久的歷史，但是直到如今人們才開始認為此地咖啡的潛力無比。這裡具備生產優質咖啡絕對優異的地理條件與氣候，近來精品咖啡產業的資金投入是否會提升未來厄瓜多整體咖啡品質也令人拭目以待。

產銷履歷

此地咖啡少有能追溯到單一莊園的情況，多半是來自一群生產者或由出口商將多處的咖啡豆混合成的批次。這類咖啡可能來自眾多的咖啡農，品質有時也相當優異。

風味口感

厄瓜多咖啡近來開始顯現真正的品質，甜美而較為複雜的咖啡風味也自始出現。帶著一抹令人愉悅的酸度，更增添風味口感的趣味。

人口：16,144,000人

2016年產量（60公斤／袋）：
600,000袋

厄瓜多咖啡開始受到精品咖啡產業的注意。即便低海拔的產區較不可能生產出優異的咖啡，但來自高海拔的咖啡則擁有無比潛力。

MANABI

厄瓜多將近一半的阿拉比卡咖啡皆產自於此。但因為幾乎所有此區咖啡都種植在海拔700公尺以下，並沒有得以生產優異咖啡的地理條件。

海拔：500～700公尺
採收期：4～10月
品種：帝比卡、卡杜拉、羅布斯塔

前頁和下：厄瓜多的咖啡並不以品質著稱，因為咖啡多半經由日曬處理，當地稱之為「café en bola」。

LOJA

境內約莫兩成的阿拉比卡來自這個多山的南部區域，從地理環境的角度看，擁有生產品質優異咖啡的條件，多數精品咖啡產業也把焦點擺在這裡。不過此區卻容易遭受惡劣氣候的侵襲，而成為咖啡果小蠹攻擊的對象，正如2010年的事件（詳見第16頁）。

海拔：最高2,100公尺
採收期：6～9月
品種：卡杜拉、波旁、帝比卡

EL ORO

這個海岸區域位於西南部，包含部分安地斯山區，生產厄瓜多咖啡年產量的10%。咖啡種植主要集中在薩魯馬（Zaruma，別與Zamora混淆了）附近。

海拔：1,200公尺
採收期：5～8月
品種：帝比卡、卡杜拉、波旁

ZAMORA CHINCHIPE

此區位於Loja產區的東邊，擁有種植優異咖啡的海拔高度，不過僅產有全國4%阿拉比卡。有機農耕在這裡相當普遍。

海拔：最高1,900公尺
採收期：5～8月
品種：帝比卡、卡杜拉、波旁

GALAPAGOS

此島產有少量咖啡。此產區的擁護者聲稱這裡的氣候類似於更高海拔的環境，因此得以生產優異咖啡。這類咖啡價格不斐，杯測品質也鮮少能與價格相匹敵。

海拔：350公尺
採收期：6～9月、12～2月
品種：波旁

薩爾瓦多 EL SALVADOR

1850 年代薩爾瓦多開始出現商業化的咖啡種植，很快變成一種受歡迎的經濟作物，生產者也享有稅收的減免。咖啡生產進一步成為薩爾瓦多的重要經濟來源以及主要外銷農產品，到了 1880 年代，薩爾瓦多成為全球第四大咖啡生產國，當時的產量是如今的兩倍多。

十九世紀中期化學染料的發明致使薩爾瓦多不得不將過去仰賴的經濟作物（用做靛藍色染料的槐藍屬植物）改為咖啡種植，進一步促進了咖啡產業的成長。用來種植槐藍的土地是由小部分精英團體所控制，這些土地與咖啡種植環境條件不同，因此這些顯赫的家族運用對政府的影響力通過法案，迫使窮人遷離自家土地，並將這些區域納為新的咖啡種植園。當時並沒有所謂原住民的賠償措施，而他們僅能偶爾獲得季節性的工作機會。

到了二十世紀早期，薩爾瓦多已成為中美洲最進步的國家之一，境內擁有第一條平整的高速公路，資金也投入於海港、鐵路與豪華公設的建造。咖啡的營收讓基礎設備得以更新，原住民社群能夠融入全國整體經濟體系，但同時也成為這些顯赫家族維繫對政治與經濟掌控權的機制。

1930 年代，這些貴族也因支持軍事統治而得以繼續發揮影響力，薩爾瓦多政治因此度過一段相當穩定的時期。咖啡產業之後幾十年的發展順勢幫助了棉花與輕型工業的發展。薩爾瓦多一向在咖啡品質與生產效率有著絕佳的口碑，與進口國也都保持

0 哩 20
0 公里 20

瓜地馬拉
GUATEMALA

宏都拉斯
HONDURAS

Rio Lempa

Embalse Cerrón
Grande

Santa Ana

APANECA-
ILAMATEPEC

Lago de
Coatepeque

SAN
SALVADOR

薩爾瓦多 EL SALVADOR

CACAHUATIQUE

Sonsonate

EL BÁLSAMO-
QUEZALTEPEC

Lago de
Ilopango

San Vicente

Acajutla

CHICHONTEPEC

Volcan
Chichontepec

TEPECA-
CHINAMECA

San Miguel

Zacatecoluca

Rio Lempa

Usulután

La Unión

太平洋

主要咖啡產區

豐塞卡灣

良好關係，直到1980年代內戰爆發為止。內戰帶來重大影響，咖啡產量降低，外國市場也開始找尋向其他生產國買進咖啡的可能。

原生品種

即使咖啡產量與出口量因內戰而大減，卻也對咖啡產業帶來意想不到的影響。當時多數中美洲國家的咖啡生產者都將境內原生品種改種為新研發的高產量品種，這類新品種的杯測品質無法與原生品種相比，但是產量比品質更受到重視。薩爾瓦多卻完全沒有經歷這個轉變過程，因此境內依舊保有相當高比例的原生波旁種咖啡樹，產量約占總產量68%。加上排水性佳且礦物質豐富的火山土壤，這個國家擁有生產風味絕佳且甜美咖啡的無窮潛力。

薩爾瓦多咖啡近年來的行銷策略也都專注於此，同時開始致力於重新建立咖啡生產國及消費國

上：薩爾瓦多意外地擁有高比例的原生品種，加上肥沃的土地，其風味甜美的咖啡在外銷市場有著無窮潛力。

巴卡斯品種

1949年，咖啡農巴卡斯（Don Alberto Pacas）在自家咖啡園中發現了一個由波旁變種而來的咖啡品種，並以其名字命名為巴卡斯（Pacas）。後來，巴卡斯品種與尺寸相當大的馬拉戈希貝品種雜交，創造出巴卡馬拉品種。這兩個品種依舊在區內及鄰近國家生產。詳見第22～25頁。

這片成熟咖啡果海位於靠近聖塔安那（Santa Ana）的
El Paste 咖啡園，工人正將果實鏟起以便進行採收後
製處理。Apaneca-Ilamatepec 產區是薩爾瓦多最大
的咖啡產區。

的關係。薩爾瓦多依舊存有大型莊園,但境內仍有許多小型咖啡園。這是個值得細細探索的國家,當地有許多優異的咖啡,風味甜美而複雜。

產銷履歷

薩爾瓦多擁有良好的基礎設施,因此想要找到高品質咖啡的產銷履歷並不難,許多咖啡園也有辦法依據處理方式與品種創造出微批次咖啡。

風味口感

薩爾瓦多的波旁種咖啡以甜美與均衡著稱,帶著令人愉悅的柔順酸度,整體表現和諧。

產區

人口:6,377,000人

2016年產量(60公斤/袋):
623,000袋

多數咖啡烘豆業者並不使用產區名稱描述咖啡。雖然境內有許多分界明確的產區,但有些人認為薩爾瓦多全境面積不大,應該視為單一產區,再分出小型咖啡種植區塊。

APANECA-ILAMATEPEC MOUNTAIN RANGE

即便此區火山運動頻繁,但依舊生產眾多在競賽中獲獎的咖啡。聖塔安那火山(Santa Ana)最近一次爆發是在2005年,對此後兩年的咖啡產量有著極大的影響。這是薩爾瓦多最大的產區,或許也是該國咖啡的發源地。

海拔:500～2,300公尺

採收期:10～3月

品種:波旁(64%)、巴卡斯(26%)、其他品種(10%)

ALOTEPEC-METAPAN MOUNTAIN RANGE

這個山區是薩爾瓦多最為潮濕的區域,平均雨量比其他產區多了三分之一。此區與瓜地馬拉和宏都拉斯相鄰,即便如此,這裡的咖啡仍有相當獨特的風格。

海拔:1,000～2,000公尺

採收期:10～3月

品種:波旁(30%)、巴卡斯(50%)、巴卡馬拉(15%)、其他品種(5%)

EL BÁLSAMO-QUEZALTEPEC MOUNTAIN RANGE

此區部分咖啡園自聖薩爾瓦多火山(Quetzaltepec)俯視著首都聖薩爾瓦多(San Salvador)。這裡是前西班牙文化「Quetzalcotitán」文明的所在地,他們信奉羽蟒神(Quetzalcoat),這位神祇的各式圖騰如今依舊是薩爾瓦多文化重要的一部分。此山脈名稱來自此地盛產的秘魯香膠,這是一種香氣豐富的樹脂,用來製作香水、化妝品與藥物。

海拔:500～1,950公尺

採收期:10～3月

品種:波旁(52%)、巴卡斯(22%)、混種與其他品種(26%)

左：即便Apaneca-Ilamatepec產區火山運動頻繁，可能影響咖啡生產，但因優異的土壤，此區依舊創造出獲獎連連的咖啡。

左：即便Apaneca-Ilamatepec產區火山運動頻繁，可能影響咖啡生產，但因優異的土壤，此區依舊創造出獲獎連連的咖啡。

海拔分級

薩爾瓦多的咖啡分級有時仍採用咖啡的生長海拔。這樣的分級與品質或產銷履歷無關。

Strictly High Grown（SHG）：種植海拔超過1,200公尺

High Grown（HG）：種植海拔超過900公尺

Central Standard：種植海拔超過600公尺

CHICHONTEPEC VOLCANO

咖啡很晚才來到這個位於薩爾瓦多中部的區域。當地產量在1880年尚不到五十袋。然而，此火山產區土壤十分肥沃，如今也是許多咖啡園的所在地。傳統種植一排咖啡樹、一排用來遮蔽咖啡的橘子樹的情況依舊普遍。有些人相信這也為此區咖啡帶來宛如橘子花的香氣，其他人則認為這類柑橘元素是來自此地的波旁種咖啡。

海拔：500～1,000公尺
採收期：10～2月
品種：波旁（71%）、巴卡斯（8%）、混種與其他品種（21%）

TEPECA-CHINAMECA MOUNTAIN RANGE

這是該國境內第三大咖啡產區。咖啡在此會與以鹽、糖或一點蔗糖所製成的玉米餅（當地稱為tustacas）一起享用。

海拔：500～2,150公尺
採收期：10～3月
品種：波旁（70%）、巴卡斯（22%）、混種與其他品種（8%）

CACAHUATIQUE MOUNTAIN RANGE

薩爾瓦多的第一位總統為吉拉德·巴利歐斯（Gerardo Barrios）將軍，也是最早看到咖啡擁有經濟效益的人。據說他也是第一個在境內種植咖啡的人，咖啡園就在他的住所附近，靠近卡卡瓦蒂克山谷（Villa de Cacahuatique），現今稱為巴利歐斯市（Ciudad Barrios）。這座山脈以富含黏土著稱，常用來製作鍋、盤與裝飾品。此地農民必須在黏土地挖出大洞，並填入肥沃土壤，才能用來種植年輕樹苗。

海拔：500～1,650公尺
採收期：10～3月
品種：波旁（65%）、巴卡斯（20%）、混種與其他品種（15%）

薩爾瓦多 La Majada 莊園處理過後的粉末狀咖啡殼會經回收製成堆肥，其中的礦物與微量元素能幫助滋養土壤。

瓜地馬拉 GUATEMALA

許多人相信咖啡最初是由耶穌會修士在 1750 年左右傳入瓜地馬拉，不過文獻顯示當地在 1747 年已有種植及飲用咖啡的紀錄。正如薩爾瓦多，咖啡是在 1856 年之後才成為瓜地馬拉的重要作物。當時因為化學染料的發明，使得主要經濟作物槐藍屬植物的需求大減。

在需求大減之前，政府已有計畫試圖鼓勵境內農作物多樣化，避免只種植槐藍屬植物。1845 年，咖啡種植與推廣委員會成立，開始宣導與教育咖啡生產者，並協助訂定價格及品質分級制度。1868 年，政府發送約一百萬顆咖啡種子，目的在進一步推動此產業。

當胡斯托・巴利歐斯（Justo Rufino Barrios）於 1871 年掌握政權時，推動了一連串的改革，使咖啡成為經濟支柱。不幸的是，這樣的改革卻造成瓜地馬拉原住民的土地進一步遭到剝削，他們被迫賣掉近 40 萬公頃的土地，這些被視為公共土地的區域遂成為大型咖啡種植園，逼使原住民必須遷移到較為貧瘠的土地，或使他們不得不在種植園裡做工。推動咖啡生產的努力當然有些結果，到了 1880 年，咖啡已占瓜地馬拉總外銷的 90%。

咖啡再度與政治扯上關係是在 1930 年代全球經濟大蕭條時期。喬治・烏必克（Jorge Ubico）掌權後，致力於降低咖啡價格以刺激外銷市場。他積極建立基礎設施，但也將更多權力與土地給

了美國大型企業聯合果品公司（UFC），此公司之後變得勢力龐大。烏必克後來因反對者進行的全國罷工與抗議而被迫下臺。之後，人們在短暫的一段時間中享受到了民主與言論自由。1953 年，阿班斯（Arbenz）總統提出一項土地改革法案，徵用土地（過去受 UFC 的控制），進而重新分發供農地使用。但是，大型咖啡種植園地主與 UFC（經美國國務院

前頁：瓜地馬拉阿瓜杜瑟（Agua Dulce）的 Finca Vista Hermosa 咖啡種植園，工人正以水洗處理咖啡豆。

墨西哥 MEXICO

主要咖啡產區

墨西哥 MEXICO

Usumacinta

Flores

Petén

貝里斯 BELIZE

加勒比海

Puerto Barrios

Salinas

Sierra de Chama

Lago de Izabal

COBÁN

Motagua

HUEHUETENANGO

Sierra de los Cuchumatanes

Volcan Tajumulco

瓜地馬拉 GUATEMALA

Sierra de las Minas

Zacapa

SIERRA MADRE DE CHIAPAS

SAN MARCOS

Quetzaltenango

ORIENTE

宏都拉斯 HONDURAS

ANTIGUA

GUATEMALA CITY

ATITLÁN

ACATENANGO

Villa Nueva

FRAIJANES

Escuintla

0 哩 50

0 公里 50

薩爾瓦多 EL SALVADOR

太平洋

支持）則反對這樣的改革。1954年，由美國中情局發起的政變推翻了阿班斯政府，因此土地改革從未實施。瓜地馬拉也因此在1960至1996年發生內戰。導致當時戰爭的因素包括貧窮、土地分配、饑荒、對原住民的歧視等，至今依舊存在。

瓜地馬拉的咖啡產量在千禧年之際進入高峰。2001年咖啡危機發生後，生產者則開始改種夏威夷豆與酪梨。咖啡葉鏽病近來開始對許多咖啡樹造成損害。

風味口感

瓜地馬拉的咖啡呈現眾多類型的香氣，自淡雅、極為甜美、多果香與複雜到口感濃郁、豐富，帶有巧克力香氣。

產銷履歷

瓜地馬拉的咖啡應能追溯到咖啡園、共同合作社或生產者團體。瓜地馬拉境內不少咖啡都擁有受保護的產區名稱（denominations of origin），在產銷履歷與生產高品質咖啡的莊園也都有悠久歷史，因為多數農民都擁有各自的濕處理設備得以自行處理咖啡。

產區

人口：16,176,000人
2016年產量（60公斤／袋）：
3,500,000袋

瓜地馬拉在規範產區界線與行銷各產區之間的差異，比任何國家都更為成功。以我個人經驗而言，某些產區較具有特定的風味與特色，不過這並非鐵律。

SAN MARCOS

這裡是瓜地馬拉氣候最溫暖且降雨量也最多的咖啡產區。面向太平洋的山坡最早得到雨水，因此開花期也較早。降雨對採收後的乾燥過程帶來挑戰，因此某些咖啡園必須仰賴日曬與機械乾燥。農業在此區扮演重要角色，農作物包含穀類、水果、肉類與羊毛。

海拔：1,300 ～ 1,800公尺
採收期：12 ～ 3月
品種：波旁、卡杜拉、卡圖艾

ACATENANGO

此區咖啡生長集中在阿塔特南哥（Acatenango）河谷，名稱源自此地的火山。過去，咖啡生產者會將咖啡賣給「郊狼」（譯註：咖啡買家被稱為郊狼，他們開著卡車到處以現金購買咖啡果實），他們會將咖啡果實運到安提瓜（Antigua）進行處理。安提瓜的咖啡聲望較高，因此也能獲取較高的價格。不過這樣的做法現在較為少見，因為此產區的咖啡也很優異，也廣被認同，如今反而因為具有產銷履歷而能有較高利潤。

海拔：1,300 ～ 2,000公尺
採收期：12 ～ 3月
品種：波旁、卡杜拉、卡圖艾

ATITLÁN

此區咖啡園位於阿蒂特蘭湖（lake Atitlán）附近。位於海拔1,500公尺的湖區風景優美，歷年來深深擄獲作家與遊客的心。每天接近中午與午後都會刮起強風，當地稱之為「xocomil」，意為「吹除罪孽的風」。區內有不少私人自然保護區，目的在於保護此區生態環境多樣化，並防止森林濫伐。咖啡生產受到不少威脅，原因之一在於勞力成本上漲及勞動力的競爭。都市擴張也對土地造成壓力，不少農民認為將土地售出要比繼續種植咖啡來得有利可圖。

海拔：1,500 ～ 1,700公尺
採收期：12 ～ 3月
品種：波旁、帝比卡、卡杜拉、卡圖艾

COBÁN

此區名稱來自科班城（Cobán）。此城因勢力龐大的德國咖啡生產者發展茁壯而興盛，影響力直到二戰末才消退。茂密的雨林也意味著潮濕的天氣，對咖啡的乾燥過程也形成挑戰。此區地處偏遠，運輸成本高。不過區內有不少品質優異的咖啡。

海拔：1,300 ～ 1,500 公尺
採收期：12 ～ 3 月
品種：波旁、馬拉戈希貝、卡圖艾、卡杜拉、Pache

NUEVO ORIENTE

此區名稱意為「新東方」，想當然位於瓜國東部，鄰近宏都拉斯。此地氣候乾燥，多數咖啡皆由小農生產。咖啡產業直到 1950 年代才來到此區，發展相對較晚。

海拔：1,300 ～ 1,700 公尺
採收期：12 ～ 3 月
品種：波旁、卡圖艾、卡杜拉、Pache

HUEHUETENANGO

這是瓜地馬拉較為出名的產區，區名發音也最耐人尋味。名稱源自納瓦特爾語（Nahuatl），意思是「古人（或先祖）之地」。區內擁有中美洲最高的非火山山脈，相當適合咖啡種植。此區相當仰賴咖啡外銷出口，也產有不少令人驚豔的咖啡。

海拔：1,500 ～ 2,000 公尺
採收期：1 ～ 4 月
品種：波旁、卡圖艾、卡杜拉

FRAIJANES

這個生產咖啡的高原圍繞在首都瓜地馬拉市的四周，這個火山活動頻繁的區域土壤十分肥沃，但偶爾也對人身安全與基礎建設造成影響。可惜咖啡種植面積因都市開發變更土地使用權而漸漸縮減。

海拔：1,400 ～ 1,800 公尺
採收期：12 ～ 2 月
品種：波旁、卡杜拉、卡圖艾、Pache

ANTIGUA

此為瓜地馬拉最出名的產區，也是全球幾個知名度最高的咖啡產地之一。這個區域名稱源自安提瓜市，以西班牙建築聞名，聯合國教科文組織列為世界遺產。因為市場上濫用此產區名稱，此區咖啡有貶值現象，因而在 2000 年成為法定產區（Denomination of origin），全名為「Genuine Antigua Coffee」。雖然這阻止了其他產區將咖啡以「Antigua」名義出售，卻無法防止商人買進其他產區的果實在此地進行處理並冠上該產區名的詐欺行為。儘管如此，此區咖啡容易取得明確的產銷履歷，雖然有部分價格被過度哄抬，但是區內的確產有品質優異的咖啡，絕對值得一試。

海拔：1,500 ～ 1,700 公尺
採收期：1 ～ 3 月
品種：波旁、卡杜拉、卡圖艾

上：許多瓜地馬拉農民都擁有自家濕處理與咖啡生產設備，對咖啡豆的可追溯性極有助益。

即便變更土地用途與氣溫的變化對瓜地馬拉咖啡的生
產與製造方式造成影響，境內多數咖啡依舊以傳統方
式處理，多半以日曬法乾燥。

海地 HAITI

海地的咖啡很可能源於馬提尼克島（island of Martinique），時間點可能就是該島在 1725 年成為法國殖民地時。海地第一個咖啡種植地也許在該國東北部的泰華盧日（Terroir Rouge）附近，十年過後，海地北部山區也出現了第二個種植區域。咖啡生產在此島迅速提升，許多資料都顯示海地在 1750 至 1788 年間生產的咖啡，約占全球咖啡總量 50 ～ 60%。

海地咖啡產業在 1788 年達到頂峰，自此之後經歷了數年的革命，終於在 1804 年宣布獨立，而咖啡產業在此期間也迅速下滑。海地的奴隸制度解放影響的不僅是咖啡產業，海地也因此開始排斥一切國際貿易活動。不過，咖啡產業依舊緩慢地重建，並在再度萎縮之前於 1850 年抵達另一個高峰。1940 年代與 1949 年，海地咖啡產業迎向了另一次興盛，當時全球約有三分之一的咖啡都來自海地。

如同眾多海地經濟領域，咖啡產業也因 1957 至 1986 年間杜瓦利埃（Duvalier）政權統治遭受極大影響，另一方面也受到自然植物疫病的阻礙。國際咖啡協議的崩解也使得許許多多海地咖啡農，選擇燒毀自家咖啡樹，並轉賣燒製而成的木炭。

到了 1990 年代中期，海地咖啡聯盟（Fédération des Associations Caféières Natives, FACN）成立。聯盟開始買進內果皮乾燥的咖啡豆，並進一步研磨、分類與混合。這些咖啡的後製處理為水洗而非日曬，某種程度而言這點並不尋常。

聯盟成立了新的品牌「Haitian Bleu」（名稱源自水洗處理法讓咖啡生豆帶有的特殊顏色），並掌控咖啡生豆進入市場的管道。這樣的做法在短時間之內的確增加了咖啡種植者的收入。雖然這種方式並不如我們今日精品咖啡的產銷透明化，但擁有出處與故事描述的咖啡豆的確能獲得較高售價。然而，聯盟的組織管理失當導致了產量下滑，加上無法履行與烘豆業者的買賣契約，海地咖啡聯盟收益

產區

人口：10,847,000 人
2016 年產量（60 公斤／袋）：350,000 袋

目前，海地的咖啡產量已經下滑至難以畫分出多個不同產區。

海拔：300 ～ 2,000 公尺
採收期：8 ～ 3 月
品種：帝比卡、卡杜拉、波旁

因此逐漸萎縮，最終面臨倒閉。

2010年，海地遭遇大地震，同時重挫海地，原本已下滑的咖啡產業也隨之產生災難性巨變。原本在2000年產值為美金七百萬元的咖啡產業，到了2010年，萎縮至美金一百萬元。有人認為咖啡（與芒果等主要作物）依舊能在海地經濟重建之路途扮演要角。各式非政府組織都已投入此項產業，雖然

海地已有高品質水洗咖啡豆輸出，咖啡產業規模仍小，並持續緩速成長。

產銷履歷

市面上的高品質海地咖啡生豆很有可能來自農人組成的合作社。目前尚沒有販售來自單一莊園的海地咖啡生豆。再加上現下海地咖啡的消費量大約等同於生產量，因此輸出量相當稀少。

風味口感

經典的「島嶼咖啡」風味：口感相對較為豐厚，帶有土壤氣味，偶爾出現辛香料的香氣，酸度較低。品質較好的批次會帶有溫潤的香甜感。

上：正在沖煮咖啡。此地位於海地西部省（Ouest department）的冷河地區（Rivière Froide）。

前頁：一排排堆在海地太子港（Port-au-Prince）大街上的咖啡袋。在1940年代，海地咖啡產量約占全球三分之一。

美國：夏威夷
UNITED STATES: HAWAII

夏威夷是唯一一個位於已發展國家的咖啡產區。咖啡的經濟與行銷模式也因此較為不同。此地的生產者能夠相當直接地與消費者溝通，島上觀光行程也常與咖啡連結。不過，許多咖啡專業人士認為此地咖啡品質恐怕無法與價格相稱。

咖啡在1817年來到夏威夷，不過最初的種植並不成功。1825年，歐胡島（Oahu）的波基總督（Chief Boki）自歐洲啟航，途經巴西，帶回了一些咖啡樹苗。這些樹苗後來開始生長茁壯，遍布全島。波旁種咖啡約莫是在1828年帶入大島（Big Island），可愛島（Kauai）的大規模種植則始於1836年。不過，可愛島哈納列谷地（Hanalei Valley）的咖啡種植卻在1858年因芽蟲或蠹蟲造成的咖啡枯萎病的攻擊而全軍覆沒。唯一存在下來的僅有大島的Kona產區。

1800年代晚期，咖啡產業先後吸引了來自中國與日本的移民，來到島上種植園工作。1920年代，菲律賓人在採收期間會來到咖啡園工作，春天則在甘蔗園做工。

不過，一直要到1980年代，當製糖產業出現利潤不足的狀況後，咖啡才開始成為重要的經濟作物。這也引發夏威夷全地的咖啡熱潮。

KONA 產區

位於大島的Kona是夏威夷境內最出名的產

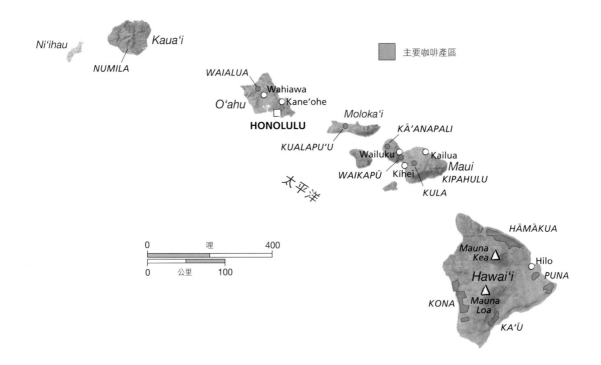

區，全球知名。因悠久的咖啡種植歷史，幫助此區鞏固聲望。不過，隨之而來的成功也開始出現名稱濫用的情況，現今島上的法規規定所有 Kona 產區咖啡，都必須標示出來自 Kona 產區咖啡豆的占比，「100% Kona」的商標則嚴加控管。加州的 Kona Kai 公司曾想盡辦法保護其商標與名稱，不過該公司 1996 年的「Kona Coffee」卻被發現豆子來自哥斯大黎加，公司管理階層因此被判有罪。

近幾年來，此區開始受到咖啡果小蠹的攻擊（詳見第16頁）。島上制定了一系列對抗此病蟲害的措施，雖然可以見到一些成效，但是許多人也擔心這樣的結果會使 Kona 產區咖啡價格變得越來越不具親和力。

產銷履歷

想當然，產於已發展國家的產品一定擁有十分健全的產銷履歷制度。咖啡多半可追溯至單一咖啡園。一般來說，咖啡農會自行烘焙咖啡，直接賣給消費者或觀光客。其中不少也會外銷，多半是出口到美國本土。

KONA 產區分級

此產區咖啡多半依據豆子尺寸分級，但也可以再細分為「Type 1」與「Type 2」。「Type 1」屬於標準咖啡豆，每個咖啡果實有兩顆豆子；「Type 2」則專屬小圓豆（詳見第21頁）。

Type 1：包含尺寸最大的「Kona Extra Fancy」，再由大到小分為「Kona Fancy」、「Kona Number 1」、「Kona Select」與「Kona Prime」。

Type 2：包含兩種等級的小圓豆：「Kona Number 1 Peaberry」，以及較小的「Kona Peaberry Prime」。

多數分級都有針對咖啡缺陷做出限制，不過規定多半相當寬鬆，無法做為品質的指標。

風味口感

通常酸度低，醇厚度中上。易飲但缺乏複雜度與果香。

產區

人口：1,404,000人

2016年產量（60公斤／袋）：40,909袋

夏威夷咖啡的知名度主要來自Kona產區。但是倘若你喜愛的是典型島嶼咖啡（酸度相對低、醇厚度中上，而果香略少），那麼夏威夷其他島嶼的咖啡也值得探索。

KAUAI ISLAND

此產區正值發展，咖啡生產是由擁有1,250公頃的單一公司所主導，也就是Kauai Coffee Company，此公司在1980年代晚期因為想從甘蔗作物轉變成多樣化發展，而開始種植咖啡樹。因為面積龐大，多仰賴機械耕種。

海拔：30～180公尺
採收期：10～12月
品種：黃卡圖艾、紅卡圖艾、帝比卡、藍山、蒙多諾沃

OAHU ISLAND

這是另一個由Waialua莊園主導的島嶼，咖啡園面積約60公頃。此咖啡園是在1990年代早期開始生產咖啡，完全以機械耕作，園內也有種植可可。

海拔：180～210公尺
採收期：9～2月
品種：帝比卡

MAUI ISLAND

茂宜島（Maui）擁有一座大規模咖啡園Ka'anapali。此園也持有許多建有房舍與咖啡園待售的小型地塊（這種情形並不常見）。雖然土地持有人不同，但咖啡則是集中生產。Ka'anapali莊園在1860至1988年間是甘蔗種植園，之後轉型成為咖啡園。

海拔：100～550公尺
採收期：9～1月
品種：紅卡圖艾、黃卡杜拉、帝比卡、摩卡

KULA, MAUI ISLAND

這個小產區得利於哈里亞卡拉火山（Haleakala volcano），而能有適於咖啡種植的海拔高度。咖啡是近期才來到此區。

海拔：450～1,050公尺
採收期：9～1月
品種：帝比卡、紅卡圖艾

WAIKAPU, MAUI ISLAND

這是夏威夷最新的咖啡產區，區內僅有單一咖啡園，由Coffees of Hawaii公司擁有，此公司擁有的主要產地位於鄰近的莫洛凱島（Molokai）。

海拔：500～750公尺
採收期：9～1月
品種：帝比卡、卡圖艾

KIPAHULU, MAUI ISLAND

這是位於茂宜島東南部海拔極低的產區。咖啡與其他農產品多半以有機種植。

海拔：90～180公尺
採收期：9～1月
品種：帝比卡、卡圖艾

KAULAPUU, MOLOKAI ISLAND

此區也是由單一咖啡公司Coffees of Hawaii經營。這座大型咖啡園以機械耕作，在這個人力成本昂貴的區域不得不以此方式減低成本。

海拔：250公尺
採收期：9～1月
品種：紅卡圖艾

KONA, BIG ISLAND

不同於夏威夷其他產區，此區的咖啡種植較為多樣化，當地有超過六百三十座咖啡園生產咖啡，面積多半少於2公頃，通常是由不同家庭經營。此產區的單位面積產量可能是全球最高。另外，此產區的咖啡園比夏威夷其他產區面積都要小，人工採收因此相當常見。

海拔：150～900公尺
採收期：8～1月
品種：帝比卡

KAU, BIG ISLAND

咖啡是此產區近期的產物，在1996年甘蔗處理廠關閉後才開始。2010年以前，此區的農民與共同合作社都必須將果實運送到鄰近的區域才可能進行處理，如Puna或Kona產區。不過，現在此區已經有一家處理廠，問題因此得到解決。

海拔：500～650公尺
採收期：8～1月
品種：帝比卡

PUNA, BIG ISLAND

此產區在十九世紀末擁有約2,400公頃的咖啡園，之後因製糖產業的興起而衰退。不過，製糖廠在1984年關閉，部分農民開始重新種植咖啡。此區多數咖啡園面積都相當小，平均約莫1.2公頃。

海拔：300～750公尺
採收期：8～1月
品種：紅卡圖艾、帝比卡

HAMAKUA, BIG ISLAND

咖啡在1852年來到此區，原本有八座種植園。正如其他夏威夷的產區，咖啡產業因製糖業的興盛而開始衰退。但是自1990年代中期，有些農民開始重新種植咖啡。

海拔：100～600公尺
採收期：8～1月
品種：帝比卡

次頁：可愛島的卡拉勞河谷（Kalalau Valley）。這是夏威夷咖啡種植園的典型景觀。

宏都拉斯 HONDURAS

宏都拉斯現今是中美洲最大的咖啡生產國,但是人們對咖啡如何來到此地卻了解甚少。最早1804年的文獻紀載中,曾討論到此地的咖啡品質,因為咖啡樹必須經過幾年的生長才會產出果實,由此可判定咖啡最晚是在1799年前便來到宏都拉斯。

宏都拉斯的咖啡產量直到2001年才有大幅成長。雖然咖啡產業在1800年代對中美洲多數國家的成長,以及基礎設施的發展與推動都有極大的幫助,但因為宏都拉斯的咖啡產業發展極晚,整體發展不及其他國家,咖啡品質的提升因此頗具挑戰,這也表示近期的產業拓展所生產的咖啡都直接進入商業咖啡市場。直到最近,市面才開始出現來自宏都拉斯的優異咖啡。

宏都拉斯咖啡協會(Instituto Hondureño del Café, IHCAFE)在1970年代由政府創立,致力於提升咖啡品質。由該機構所界定的六個產區裡,都各有一間咖啡品嘗實驗室協助當地生產者。2011年,宏都拉斯的咖啡產量近六百萬袋,數量超過哥斯大黎加與瓜地馬拉的總和。境內約莫有十一萬個家庭都從事咖啡生產。另外,咖啡葉鏽病(詳見第16頁)的存在則使產業憂心於未來發展;2012與2013年的收成量因葉鏽病而嚴重減低,使全國宣布進入緊急狀態,而且葉鏽病的影響通常會持續幾年。

前頁:宏都拉斯的土質相當適合咖啡的種植,但該國的高雨量讓咖啡豆的乾燥變得困難。

風味口感

宏都拉斯咖啡擁有相當多樣化的香氣,品質最佳的咖啡會帶著複雜的果香,以及極具活力、宛如果汁般的酸度。

氣候問題

雖然境內土地相當適合咖啡種植,但是極高的降雨量卻使乾燥處理咖啡變得困難。部分生產者因此併用日曬與機械乾燥處理。這使宏都拉斯被認為得以產出優異咖啡,卻很快失去風味。如今,業界在改善此方面問題下了很大的功夫。許多咖啡在出口前會倉儲於科提茲港(Puerto Cortez)一段時間。當地氣候炎熱無比,咖啡品質也因此再度下滑。當然,當中也有不少例外,品質最優異的宏都拉斯咖啡多半都經得起時間的考驗。

產銷履歷

宏都拉斯咖啡多半具有相當程度的產銷履歷;可能是來自莊園,或特定的共同合作社與生產者團體。

人口：8,250,000人

2013年產量（60公斤／袋）：
5,934,000袋

宏都拉斯的聖巴巴拉省（Santa Barbara）雖然並非宏都拉斯咖啡協會界定的咖啡產區，但是許多烘豆業者卻會在包裝標示此區名稱。雖然不少產區跨越聖巴巴拉省，因此有些人認為此區也應有獨立的區域名稱。不過建議最好還是使用以下官方的產區界定標示咖啡。聖巴巴拉省擁有優異的巴卡斯品種，品質最好的咖啡會帶著鮮明而濃郁的果香，絕對值得尋找。

COPÁN

此省位於宏都拉斯西部，名稱來自科潘市（Copán），以馬雅遺址聞名。此區與瓜地馬拉相鄰，再次強調咖啡真正來源的重要性。行政區界的劃定有時相當專斷，消費者對來自宏都拉斯與瓜地馬拉（不幸地）兩者的期望值可能天差地遠。聖巴巴拉省北部位於此產區內。

海拔：1,000 ～ 1,500公尺
採收期：11 ～ 3月
品種：波旁、卡杜拉、卡圖艾

MONTECILLOS

此區內有不少值得注意的子產區。其中最重要的是如今已成為受到保護名稱的Marcala與La Paz，Marcala是拉巴斯省（La Paz）內的直轄市。烘豆業者通常會使用這些範圍劃定出較為明確的名稱，而非只用範圍更廣大的Montecillos。

海拔：1,200 ～ 1,600公尺
採收期：12 ～ 4月
品種：波旁、卡杜拉、卡圖艾、巴卡斯

左：宏都拉斯境內種有波旁、帝比卡、卡杜拉、卡圖艾等品種，不過近年來咖啡葉鏽病對此區造成嚴重的侵害。

AGALTA

此區涵蓋了宏都拉斯北部，其中多數為森林保護區，生態觀光對區內經濟發展扮演極為重要的角色。

海拔：1,000 ～ 1,400公尺
採收期：12 ～ 3月
品種：波旁、卡杜拉、帝比卡

OPALACA

此區涵蓋聖巴巴拉省南部咖啡產區，以及印蒂布卡（Intibucá）與倫皮拉（Lempira）。產區名稱來自跨越此區的歐巴拉卡（Opalaca）山脈。

海拔：1,100 ～ 1,500公尺
採收期：11 ～ 2月
品種：波旁、卡圖艾、帝比卡

COMAYAGUA

此產區位於宏都拉斯的中西部，區內熱帶雨林繁茂。此處的科馬雅瓜市（Comayagua）曾是宏都拉斯的首都。

海拔：1,100 ～ 1,500公尺
採收期：12 ～ 3月
品種：波旁、卡杜拉、帝比卡

EL PARAISO

這是宏都拉斯最古老也最大的產區，位於境內東部，與尼加拉瓜相鄰。此區近年來遭受嚴重的咖啡葉鏽病侵害。

海拔：1,000 ～ 1,400公尺
採收期：12 ～ 3月
品種：卡圖艾、卡杜拉

牙買加 JAMAICA

1728年，當總督尼可拉斯‧勞斯爵士（Sir Nicholas Lawes）收到來自馬提尼克（Martinique）總督的禮物：一株咖啡樹苗，島上的咖啡歷史自此展開。勞斯爵士已曾試種多種農作物，隨後也在聖安德魯區（St Andrew）種下咖啡樹。最初咖啡產量相當有限，到了1752年，牙買加已能外銷27噸的咖啡。

十八世紀後期咖啡產量開始突飛猛進；咖啡種植區也由聖安德魯區擴散到藍山（Blue Mountains）。1800年，境內擁有六百八十六座咖啡種植園，1814年的咖啡年產量達15,000噸（還有其他產量更高的統計數據）。

在此之後，熱潮開始消退，咖啡產業成長趨緩；主因之一在於缺乏人力。奴隸制度在1807年廢除，但奴隸解放要到1838年才真正落實。雖然有人想以招募曾為奴隸之人成為受薪勞工，但咖啡產業依舊無法與其他產業競爭。再加上土壤管理不當與失去英國對殖民地的貿易優惠條件之後，咖啡產業極速衰退。到了1850年代，境內僅剩一百八十座種植園，產量縮減至1,500噸。

到了十九世紀末，牙買加生產了約莫4,500噸咖啡，但是品質不佳的問題開始浮現。1891年，政府通過一項法令，希望透過教育生產者關於咖啡生產的知識，藉此提升品質，境內基礎設備也得到改善，咖啡因此能夠進行中央化處理與分級。這個計畫成效極為有限，即使在1944年成立了中央咖啡結算所（Central Coffee Clearing House），所有咖啡在外銷前都必須經過此機構的核定。此外，政府在1950年也成立了牙買加咖啡委員會。

來自藍山區域的咖啡此後的聲望開始與日俱增，之後更被視為是全球最優異咖啡之一。不過，當時少有後製處理嚴謹的咖啡存在，如今的牙買加咖啡更無法與來自中、南美洲或東非最優質的咖啡競爭。牙買加的咖啡風味多半純淨、甜美且溫和，但缺乏一般人期待精品咖啡等級的複雜度與獨特性。

不過，此地的咖啡比其他生產國要早開始穩定生產，加上行銷訊息明確，咖啡風味純淨而甜美，因此牙買加咖啡相對擁有更多優勢。

下：自二十世紀起，牙買加咖啡便以純淨、甜美與溫和的風味著名。

風味口感
純淨、甜美，但複雜度不高，也少見清鮮果香。

人口：2,950,000人

2013年產量（60公斤／袋）： 27,000袋

區內僅有一個真正值得注意的產區，或許也是全球最知名的產區之一。

BLUE MOUNTAIN

咖啡史上最成功的行銷案例要屬這個牙買加產區。藍山產區（Blue Mountain）有著明確的範圍限定並受到保護。唯有位於Saint Andrew、Saint Thomas、Portland與Saint Mary地區，且種植海拔在900～1,500公尺間的咖啡，才有資格使用「牙買加藍山」（Jamaica Blue Mountain）這個名稱。450～900公尺種植的咖啡稱為「牙買加高山」（Jamaica High Mountain），在此高度以下則為「牙買加特級」（Jamaica Supreme）或「牙買加低山」（Jamaica low Mountain）。

藍山咖啡的產銷履歷令人感到困惑，因為它們多數都是以處理廠名稱賣出。這類處理廠有時會將大型莊園的咖啡豆分開處理，多半會從區內眾多小農買入咖啡豆。

長久以來，大多數牙買加藍山咖啡都銷往日本。豆子裝在小型木桶而非麻袋。由於得以賣到高價，因此通常市面也有為數不少的假藍山豆。

海拔： 900～1,500公尺
採收期： 6～7月
品種： 牙買加藍山（Jamaica Blue Mountain，帝比卡衍生品種）、帝比卡

左： 藍山咖啡的出處依據種植海拔，有嚴格的管制。此外，以木桶盛裝的咖啡豆也更強化了品牌特性。

墨西哥 MEXICO

咖啡最初是在1785年左右來到墨西哥。根據文獻,墨西哥維拉克魯斯州
(Veracruz)在1790年便有種植園的存在。不過,因為墨西哥擁有豐富的礦
藏,多年來咖啡產業相對鮮少具同樣動力。

墨西哥革命在1920年結束,此後小農才開始
從事咖啡種植。1914年土地重新分配給原住民與
勞工,許多先前被迫在咖啡種植園裡工作的人終於
得以釋放回到各自的社群,同時帶回咖啡種植的技
能。土地的重新分配也打破了大型莊園的存在,同
時宣告墨西哥咖啡小農時代的開始。

1973年,墨西哥咖啡協會(Instituto Mexicano
del Café, INMECAFE)成立,目的在於提供技術協
助與財務支持,並依據國際咖啡協議的規定達到應
有的產量。因政府的投資,咖啡產業在產量與咖啡

種植面積兩方面皆大幅擴張。在某些農村地區,咖
啡生產成長高達900%。

然而,1980年代起,墨西哥政府的咖啡政策有
了大轉彎,政府的龐大借款金額與國際石油價格大
跌,導致貸款拖欠。對咖啡產業的支持開始逐漸減
少,1989年墨西哥咖啡協會宣告解散,政府出售國
營咖啡處理廠。咖啡產業因此受到巨大的影響。由

下:自1980年代晚期,許多咖啡生產者開始集體生產與經營咖啡種
植園。公平交易與有機外銷也都變得十分普遍。

於信貸乾涸，許多農民找不到地方銷售咖啡，促使不肖收購商「郊狼」的出現，他們從農民便宜買進咖啡再轉手銷售以得到獲利。

墨西哥咖啡協會的解散，加上1989年國際咖啡協議的崩盤，使得咖啡品質一落千丈。由於收入減少，眾多咖啡農停止使用肥料，也不再投注資金於病蟲害的防治，除草與土地管理方面也不如以往仔細；有些咖啡農甚至完全停止採收咖啡。

相反地，某些生產者則自發性地開始集體生產，維持過去墨西哥咖啡協會所扮演的角色，包括共同購買與經營咖啡處理廠、技術協助、政治遊說以及與買家發展更為緊密的關係，尤其是位於奧薩卡州（Oaxaca）、嘉帕斯州（Chiapas）與維拉克魯斯州等地的生產者。

墨西哥的咖啡生產者也是咖啡認證的擁護者，公平交易與有機認證在此相當普遍。絕大部分的墨西哥咖啡都銷往美國，因此在其他地方要找到優異的墨西哥咖啡並不容易。

產銷履歷

多數墨西哥咖啡是由小農生產。產銷履歷多半可追溯至生產者團體、共同合作社，有時也可能是單一咖啡園。

風味口感

墨西哥各產區所生產的咖啡風味口感各異，從清淡、細緻，到口感甜美帶著焦糖、太妃糖或巧克力風味的咖啡都有。

產區

人口：119,531,000人

2016年產量（60公斤／袋）：
3,100,000袋

除了以下重要產區外，咖啡也種植在這些區域之外。倘若咖啡是來自你所信賴的烘豆者或零售商，絕對值得一試。不過相較於其他主要產區，這類咖啡產量相對小。

CHIAPAS

此區與瓜地馬拉相鄰，許多人因此會將此區咖啡與瓜地馬拉相比。馬德雷山脈（Sierra Madre）提供了生產優質咖啡所需的海拔與火山土壤。

海拔：1,000 ～ 1,750公尺
採收期：11 ～ 3月
品種：波旁、帝比卡、卡杜拉、馬拉戈希貝

OAXACA

此區多數農民持有的土地面積平均少於2公頃。區內擁有不少共同合作社，也有少數大型莊園，其中有些開始發展觀光業。

海拔：900 ～ 1,700公尺
採收期：12 ～ 3月
品種：波旁、帝比卡、卡杜拉、馬拉戈希貝

VERACRUZ

位於墨國東部的墨西哥灣沿岸，此區的面積相當廣大。區內咖啡產量小，但擁有高海拔產區如Coatepec，生產品質較為優異的咖啡。

海拔：800 ～ 1,700公尺
採收期：12 ～ 3月
品種：波旁、帝比卡、卡杜拉、馬拉戈希貝

右：一名咖啡農正將咖啡豆散布於陽臺，以便日曬。此處位於墨西哥靠近塔帕楚拉（Tapachula）的小型合作社。

尼加拉瓜 NICARAGUA

咖啡是由天主教傳教士在1790年帶入尼加拉瓜，最初種植的目的其實僅是好奇。直到約1840年，咖啡種植才因為全球對咖啡需求的增長而得到重視。境內第一個商業化的種植產區是在馬納瓜（Managua）周遭。

尼加拉瓜的「咖啡熱潮」（Coffee Boom）時期通常指的是1840～1940年間，此時的咖啡產業對經濟造成極大的影響。隨著咖啡的重要性與價值提高，產業也需要更多的資源與人力投注。1870年，咖啡成為尼加拉瓜的主要外銷作物，政府也致力於讓外國公司得以輕易投資此產業並獲取土地。過去國有的土地賣給私人，政府也藉由在1879與1889年通過的補助法案鼓勵大型莊園的產生，咖啡種植超過五千棵的種植園，每增加一棵樹政府便補助0.05美元。

到了十九世紀末，尼加拉瓜變成政治上所謂的「香蕉共和國」，來自咖啡的收益多數都流往國外或進入當地地主的口袋。

境內第一個咖啡共同合作社在二十世紀早期成立，這是1936～1979年間索摩薩（Somoza）家族獨裁統治下的政策。不過，索摩薩家族後來被桑定民族解放陣線（Sandinistas）推翻，該國於1979年進入共產統治，咖啡產業也隨之進入一段艱困的時期。由美國與中情局支持的反叛軍「Contras」成立目的在於推翻新政府，其政治宣言一部分直接針對咖啡產業，他們攻擊運送咖啡工人的車輛，同時破壞咖啡處理廠。

儘管如此，時至1992年，咖啡依舊是尼加拉瓜最重要的外銷經濟作物。然而，1999至2003年間咖啡價格大跌，再次嚴重打擊咖啡產業。境內六大銀行中有三家便因與咖啡產業的緊密關係而被拖垮。低價，加上1998年毀滅性颶風米契（Mitch）以及千禧年間的乾旱，在在重創了咖啡產業。

幸好現今尼加拉瓜的咖啡產業有回春的情況，咖啡農也開始專注於品質的提升。過去，尼加拉瓜咖啡的產銷履歷不易取得，多半是以處理廠或特定產區名稱出售。這類產銷履歷制度執行地相當徹底。

產銷履歷

咖啡多半可追溯到單一莊園或由生產者所組成的共同合作社。

風味口感

尼加拉瓜咖啡風味相當多樣。多半十分複雜並帶著令人愉悅的果香與純淨的酸度。

人口：6,071,000人

2013年產量（60公斤／袋）：
1,500,000袋

尼加拉瓜境內有幾個小型產區，包括 Madriz、Managua、Boaca 與 Carazo，這些產區雖沒有列在下面，卻產有優異的咖啡。

JINOTEGA

此區與其首府名稱都源自納瓦特爾語的「xinotencatl」，真正的意思卻眾說紛紜。有人說是「老人之城」的意思，也有人認為意為「Jiñocuabo之鄰」，後者可能比較正確。此區的經濟長期以來都仰賴咖啡，也仍舊是尼加拉瓜主要產區。

海拔：1,100 ～ 1,700公尺
採收期：12 ～ 3月
品種：卡杜拉、波旁

MATAGALPA

這是另一個以首府城市命名的區域，境內有間以咖啡為主題的博物館。咖啡來自莊園與共同合作社。

海拔：1,000 ～ 1,400公尺
採收期：12 ～ 2月
品種：卡杜拉、波旁

NUEVA SEGOVIA

此區位於尼加拉瓜北部邊界，近年來開始建立境內最佳咖啡的聲望，也在尼加拉瓜卓越杯比賽獲得極大成功。

海拔：1,100 ～ 1,650公尺
採收期：12 ～ 3月
品種：卡杜拉、波旁

左和前頁：咖啡是尼加拉瓜最重要的外銷經濟作物，咖啡產業在經歷了政治動盪與天災後依舊屹立不搖。

巴拿馬 PANAMA

咖啡樹苗應該是在十九世紀初隨著首批歐洲殖民者來到巴拿馬。過去有很長一段時間，巴拿馬咖啡的聲望不佳，產量也僅達鄰國哥斯大黎加的十分之一。不過，現今精品咖啡產業開始對此區高品質咖啡產生莫大興趣。

巴拿馬的地理環境意味著境內咖啡產區有著不少獨特的微型氣候，其中有許多極具能力及致力於咖啡的生產者。這也表示當地擁有許多品質絕佳的咖啡，當然價格也相對不低。

另一個咖啡價格居高不下的重要因素，則是房地產。許多北美洲人都希望在這個政治穩定、風景優美且地價相對便宜的國家買房，因此需求極高，許多過去做為咖啡園的土地，現今成為外僑的住家。巴拿馬在對勞工保障的法案也有較高標準，咖啡採收工人的薪資較高，費用也間接轉嫁到消費者身上。

翡翠莊園

論及咖啡價格，這座巴拿馬咖啡園絕對不得不提。世上應該沒有其他單一莊園能像翡翠莊園（Hacienda La Esmeralda）一般，對中美洲咖啡產業產生如此重大的影響。而此莊園是由彼得森（Peterson）家族所擁有。

當國際商業咖啡價格依舊偏低之時，巴拿馬精品咖啡協會舉辦了一個名為「最佳巴拿馬咖啡」

次頁：獨特的給夏品種一般都會被聯想到巴拿馬。其花香、柑橘香，再加上當地農民致力於保持此品種的高品質，在在都讓買氣不斷提高。

哥斯大黎加
COSTA RICA

加勒比海

Colón

Panama
Canal

Darién Mtns

Isthmus of Panama

Piedra
Candela

RENACIMIENTO

Volcán
Barú
BOQUETE

PANAMA
CITY

VOLCAN-
CANDELA

David

Chichica

巴拿馬 PANAMA

Penonomé

Gulf of
Chiriquí

Santiago

巴拿馬灣

Azuero
Peninsula

哥倫比亞
COLOMBIA

主要咖啡產區

太平洋

0 哩 100
0 公里 100

（Best of Panama）的競賽：來自巴拿馬境內不同咖啡園最優異的咖啡豆，依據評比排名，接著上網接受競標。

翡翠莊園早在多年前便種了一個名為給夏（詳見第24頁）的獨特品種，加入競賽後，此咖啡品種開始接觸到廣大的客群。2004至2007年間，給夏連續四年贏得獎項，接著在2009、2010與2013年單一品項也贏得競賽。打從一開始，此莊園的咖啡便打破紀錄：2004年每磅21美元，到了2010年更攀升到每磅170美元。該園某個一小批日曬處理咖啡更在2013年賣到每磅350.25美元，無疑成為全球最昂貴的單一莊園咖啡。

不同於其他超級高價的咖啡（如因新奇熱潮炒作的麝香貓咖啡，或部分牙買加藍山咖啡），這座咖啡園得以達到高價的原因在於咖啡品質確實極高，雖然高需求量與優異的行銷策略也扮演了重要的角色。這個打破眾多紀錄的咖啡品種風味相當特殊：花香與柑橘香豐富，但相當清爽，帶著如茶般的醇厚度，以上都是此品種的獨特性。

從巴拿馬及中美洲其他國家開始種植給夏的現象，便不難了解此莊園所帶來的影響。對許多生產者來說，給夏品種似乎是高價位的保證；從給夏多半可以比其他品種賣到更高價格的狀況來看，這點或許也沒有錯。

產銷履歷

一般來自巴拿馬的咖啡都會擁有相當高程度的產銷履歷。咖啡通常可以追溯到單一莊園。除此之外，從特定莊園所產出獨特批次咖啡豆也算常見，像是特別的後製處理咖啡或來自某咖啡樹衍生出的特別品種。

風味口感

品質較佳的咖啡會帶著柑橘與花香，醇厚度清淡，風味細緻而複雜。

人口：4,058,000人

2013年產量（60公斤／袋）：
115,000袋

巴拿馬的產區是以咖啡銷售與行銷方式區分，而非以地理位置或氣候。過去，當咖啡種植地區廣布時，以下這些區域多半會合而為一，因為這些產區面積都很小，而且位置接近。

BOQUETE

這是巴拿馬最著名的咖啡產區，名稱源自波奎提城（Boquete）。多山的地理環境也創造出不少獨特的微型氣候。相對涼爽的氣候與頻繁的霧氣幫助減緩咖啡果實的成熟過程，不少人認為這與高海拔有異曲同工之妙。此區美麗的自然景觀也促成了近年來的觀光熱潮。

海拔： 400 ～ 1,900公尺
採收期： 12 ～ 3月
品種： 帝比卡、卡杜拉、卡圖艾、波旁、給夏、San Ramon

VOLCAN-CANDELA

大部分巴拿馬的食物都來自此區，而且此區也產有令人驚豔的咖啡。產區名稱源自巴魯火山（Volcan Baru）及坎德拉區（Piedra Candela）。此產區與哥斯大黎加為鄰。

海拔： 1,200 ～ 1,600公尺
採收期： 12 ～ 3月
品種： 帝比卡、卡杜拉、卡圖艾、波旁、給夏、San Ramon

RENACIMIENTO

另一個位於契里基省（Chiriquí）的產區，與哥斯大黎加為鄰。此區面積極小，因此不是巴拿馬精品咖啡的主要產區。

海拔： 1,100 ～ 1,500公尺
採收期： 12 ～ 3月
品種： 帝比卡、卡杜拉、卡圖艾、波旁、給夏、San Ramon

左： 這座位於Volcan-Candela產區的種植園是區內許多生產令人驚豔咖啡的莊園之一。

秘魯PERU

咖啡是在 1740 ～ 1760 年間來到秘魯。當時秘魯總督區（Viceroyalty of Peru）的管轄範圍要大過現今秘魯國土。雖然境內氣候相當適合大規模咖啡種植，但起初這一百年，所有咖啡都在當地飲用。咖啡外銷至德國與英格蘭則得等到 1887 年。

1900 年代，秘魯政府因為拖欠一筆英國政府的貸款，最後只得以秘魯中部 200 萬公頃的土地償還，其中四分之一被轉變為種植園，農作物包括咖啡。從高地區來到此地工作的移民不少，某些南美洲人最終因此擁有土地，其他部分人則在英國人離開秘魯後買下土地。

不幸的是，對咖啡產業來說，胡安·維拉斯高（Juan Velasco）政府在 1970 年代推行的法案卻阻礙了產業發展。國際咖啡協議早先已經保障了咖啡的銷售與價格，因此政府便失去了發展基礎設施的動機。當政府撤消對產業的支持後，咖啡產業陷入混亂。

之後，咖啡的品質與秘魯的市場地位更因祕魯共產黨（The Shining Path）的成立進一步遭到破壞；因為游擊隊到處破壞農地，並將農民趕出他們的家園。

秘魯咖啡產業遺留下來的缺口近年來開始由非政府機構填補，像是公平貿易組織；如今秘魯咖啡多半擁有公平貿易認證。越來越多土地也用來種植咖啡：1980 年境內有 62,000 公頃，現今則為 95,000 公頃。現在的秘魯已成為全球最大生產者之一。

秘魯境內的基礎設施仍不夠完善，這也使得生產高品質咖啡仍舊是個挑戰。咖啡園附近僅有少數處理廠，因此多數咖啡通常迫不得已必須經過長時間運輸才能進行後製處理。有些咖啡因此被買來與其他咖啡混合，在運往海岸的途中再轉賣出口。有趣的是，現今全國十萬小型生產者中約四分之一加入了共同合作社；另外，公平貿易認證僅適用於產自共同合作社的咖啡。秘魯同時也相當著重有機農耕，

哥倫比亞
COLOMBIA

厄瓜多 ECUADOR

Napo

AMAZON BASIN

Amazon

PIURA

Marañón

Moyobamba

AMAZONAS

Chachapoyas

CAJAMARCA

SAN MARTÍN

LAMBAYEQUE

Cajarmarca

巴西 BRAZIL

Ucayali

Trujillo

LA LIBERTAD

Marañón

Huallaga

Nevado
Huascarán

祕魯 PERU

HUANUCO

PASCO

UCAYALI

Urubamba

太平洋

LIMA

JUNÍN

Huancayo

CUSCO

MADRE DE DIOS

Apurímac

Cusco

AYACUCHO

PUNO

Nasca

玻利維亞
BOLIVIA

的的喀喀湖

Puno

主要咖啡產區

Arequipa

Altiplano

0 哩 200

0 公里 200

智利 CHILE

不過這與杯測的高品質並無直接關係。

　　事實上，秘魯有機咖啡的價格通常相當低，致使付給農民的價格被拉低，不論品質是否優異。

　　或許由於這個原因，以及帝比卡品種的普及，導致葉鏽病開始成為秘魯生產者相當頭痛的問題。雖然2013年的產量不錯，但因為葉鏽病益發嚴重，在不久的將來可能會使產量減低。

產銷履歷

　　祕魯品質最佳的咖啡生豆產銷源頭應該能追溯至生產者團體或單一莊園。

風味口感

秘魯咖啡的風味多半相當純淨，但也有些溫和而平淡。甜美且醇厚度相對高，不過缺乏複雜度。現今有越來越多獨特而鮮美的風味。

產區

人口：31,152,000人
2016年產量（60公斤／袋）：
3,800,000袋

有些咖啡種植在以下所列產區之外，不過數量與聲望都不及主要產區。有些人認為秘魯在氣溫上升與氣候變遷兩方面擁有絕佳的因應之道，因為境內許多區域都擁有較高的海拔高度，未來可能會相當適合咖啡種植。

CAJAMARCA

卡哈馬卡州（Cajamarca）位於秘魯北部，以區內首府命名，包含秘魯境內的安地斯山。此區受益於赤道氣候與土壤，適合咖啡種植。多數生產者皆為小農，不過相當具組織力，也都隸屬於生產者組織，藉此得到技術的幫助以及訓練、貸款、社區發展等協助。CENFroCAFE也是組織之一，與一千九百戶家庭的成員共同推廣咖啡烘培，並在當地經營咖啡館幫助農民有更多元的發展方向。

海拔：900～2,050公尺
採收期：3～9月
品種：波旁、帝比卡、卡杜拉、
　　　Pache、蒙多諾渥（Mondo
　　　Novo）、卡圖艾、卡帝莫

JUNIN

此區產量占秘魯咖啡20～25%；咖啡在此與雨林交織生長。1980與1990年代此區遭受游擊隊攻擊，對咖啡樹的疏於管理造成植物疾病開始散布。咖啡產業在1990年代晚期幾乎是從零開始重新發展。

海拔：1,400～1,900公尺
採收期：3～9月
品種：波旁、帝比卡、卡杜拉、
　　　Pache、蒙多諾渥、卡圖艾、
　　　卡帝莫

CUSCO

此產區位於境內南部，就某方面來說，咖啡是另一個在此區盛行的農作物古柯葉的合法替代物。多數咖啡由小農種植，而非大型莊園。此區觀光業盛行，許多人會由庫斯科城（Cusco）前往馬丘比丘（Machu Picchu）。

海拔：1,200～1,900公尺
採收期：3～9月
品種：波旁、帝比卡、卡杜拉、
　　　Pache、蒙多諾渥、卡圖艾、
　　　卡帝莫

SAN MARTIN

此區位於安地斯山之東，許多咖啡農的種植面積僅5～10公頃。這裡曾是秘魯古柯葉的主要產區，不過現今區內共同合作社已開始推廣咖啡之外的其他作物，例如可可與蜂蜜。近年來，此區的貧窮化程度已大幅降低，從人口數的70%下降至31%。

海拔：1,100～2,000公尺
採收期：3～9月
品種：波旁、帝比卡、卡杜拉、
　　　Pache、蒙多諾渥、卡圖艾、
　　　卡帝莫

秘魯有限的基礎設施實在不易生產高品質咖啡。運送
與後製處理的咖啡果實常受到延誤，僅有少數處理廠
位於種植區附近。

委內瑞拉 VENEZUELA

一般而言，咖啡傳入委內瑞拉會歸功於1730年的耶穌會修士荷塞・古米拉（José Gumilla）。委內瑞拉以種植菸草與可可聞名，人力來自奴隸制度。自1793年起，區內也開始有大型咖啡種植園。

約莫1800年起，咖啡開始在委內瑞拉的經濟扮演重要角色。1811～1823年委內瑞拉獨立戰爭期間，可可產量開始下降，咖啡則相對上升。境內首次咖啡熱潮是在1830～1855年間，當時委內瑞拉的咖啡產量約占全球三分之一。咖啡產量繼續成長，南美洲到1919年達到高峰，外銷總量達到一百三十七萬袋。如今，咖啡與可可占全國出口收入的75%。多數咖啡銷往美國。

1920年代，委內瑞拉的經濟開始轉而仰賴石油，不過咖啡依舊是重要的收入來源。相當大的收

下：雖然委內瑞拉咖啡生產在二十世紀初相當強勢，不過之後則漸漸減少，原因在於政治阻力與農民面對的極低投資報酬率。

益占比用在建立境內基礎設施，直到1930年代咖啡價格銳減，咖啡生產與處理所需的基礎設施建設因此受到影響。這段時間，咖啡產業也開始變成私有化，剝奪了農民在公有土地種植咖啡的權利。

從此以後，委內瑞拉的經濟開始完全仰賴石油產品與其他礦物出口。咖啡生產與外銷量依舊相當大，當時委內瑞拉的產量幾乎可與哥倫比亞匹敵，但是在雨果‧查維茲（Hugo Chávez）的政權統治之下，一切都改變了。2003年，政府展開咖啡生產的嚴格限制法案，代表國內的咖啡消費必須開始仰賴進口，多數來自尼加拉瓜與巴西。委內瑞拉在1992與1993年出口了四十七萬九千袋咖啡，到了2009與2010年僅剩一萬九千袋。政府制定的銷售價格大大低於生產成本，不可避免地傷害了咖啡產業。很少人能預測出查維茲總統過世之後，情況是否會有所改變。

產銷履歷

由於委內瑞拉咖啡出口量如此小，要找到高品質咖啡相當困難。雖然某些批次可以追溯到單一莊園，但多數是以產區名稱標示。不過，因為境內緯度低且缺乏對杯測品質的重視，因此僅推薦嘗試信賴且喜愛的咖啡烘焙業者提供的委國咖啡。

咖啡口感

品質較佳的咖啡多半相當甜美，酸度略低，風味與質地相對豐富。

產區

人口：31,775,000人
2016年產量（60公斤／袋）：
400,000袋

來自委內瑞拉的咖啡目前少見於市面。希望這樣的情況在未來會有轉機，不過短期之內不太可能出現改變。

WESTERN REGION

此區生產境內多數的咖啡。通常出口的咖啡會以州名做標示，像是塔奇拉（Táchira）、梅里達（Mérida）或蘇利亞（Zulia），而非產區名稱。有些人會將此區咖啡與鄰國哥倫比亞做比較。

海拔：1,000～1,200公尺
採收期：9～3月
品種：帝比卡、波旁、蒙多諾沃、卡杜拉

WEST CENTRAL REGION

此區涵蓋波圖格薩（Portuguesa）與拉臘（Lara）兩州，是境內幾個首屈一指的咖啡產區。此外還包括法爾康（Falcón）與亞拉奎（Yaracuy）兩州。境內最優異的咖啡被認定是來自此區，與哥倫比亞距離相當近。這些咖啡多半稱為Maracaibos，即是以出口港命名。

海拔：1,000～1,200公尺
採收期：9～3月
品種：帝比卡、波旁、蒙多諾沃、卡杜拉

NORTH CENTRAL REGION

委內瑞拉有少量的咖啡產自此區內的阿拉瓜（Aragua）、卡拉波波（Carabobo）、聯邦屬地（the Federal Dependencies）、米蘭達（Miranda）、科赫德斯（Cojedes）與瓜里科（Guárico）等州。

海拔：1,000～1,200公尺
採收期：9～3月
品種：帝比卡、波旁、蒙多諾沃、卡杜拉

EASTERN REGION

包括蘇克雷（Sucre）、莫納加斯（Monagas）、安索阿特吉（Anzoátegui）與玻利瓦爾（Bolívar）等州。有時可以在此找到一種稱為Caracas的咖啡。

海拔：1,000～1,200公尺
採收期：9～3月
品種：帝比卡、波旁、蒙多諾沃、卡杜拉

專有名詞

ARABICA 阿拉比卡：為 *Coffea arabica* 的簡稱，亦是種植範圍最廣的咖啡樹種。一般認為阿拉比卡比另一種常見的羅布斯塔品質更佳。

AROMATIC COMPOUND 芳香化合物：咖啡豆中的化合物，當研磨或沖煮咖啡時會揮發出香氣。

BLOOM 粉層膨脹：當手沖咖啡時，一開始會在咖啡粉注入少量的水，此過程稱為粉層膨脹，因為此時咖啡會因為浸潤而膨脹。

BREW RATIO 水粉比例：沖煮咖啡時，咖啡粉與水量的比例。

BREW TIME 沖煮時間：沖煮咖啡時，水與咖啡粉接觸的總時間。

BURR GRINDER 臼式磨豆機：一種擁有兩個面對面切割盤的磨豆機，通常為金屬製，能依照需要調整研磨顆粒粗細。

C-PRICE C 價格指數：即商業咖啡在證券交易所中的交易價格。一般認為 C 價格指數代表全球咖啡交易的最低基本價格。

CHERRY 咖啡果實：咖啡樹結的果實常被稱為 Cherry 或 Berry。其中所包含的兩顆種子便是咖啡豆。

COFFEE BERRY BORER 咖啡果小蠹：嚴重影響咖啡收成的一種害蟲。此蠹蟲會將卵產於咖啡果實中，孵化的蠹蟲會食用咖啡果實。

COMMODITY COFFEE 商業咖啡：非以品質為交易條件的咖啡，其產區履歷難以追溯且不被重視。

COOPERATIVE 產銷合作社：由農夫聯合並為共同利益而一起工作的組織。

CREMA 克麗瑪：在義式濃縮咖啡上層咖啡色的泡沫，因液體在高壓下萃取而形成。

CUP OF EXCELLENCE COMPETITION 卓越杯競賽：在特定國家舉辦的賽事，目的是尋找、評估並分級當地優質咖啡，最後將在國際線上拍賣會販售獲獎的咖啡。

CUP QUALITY 杯測品質：一杯特定咖啡中，包含的風味與正面味道。

CUPPING 杯測：在咖啡產業中，專業品咖啡人士所進行從沖煮、聞香至品嘗的過程。

DARK ROAST 深焙：咖啡豆經過長時間的烘焙，直到豆子呈很深的褐色，且表面油亮。

DEFECT 缺陷：咖啡豆中的缺陷，會讓咖啡有令人不悅的味道。

DIALLING IN 調整研磨粗細：調整沖煮義式濃縮咖啡所用咖啡粉粗細的過程，直到咖啡有良好的味道且可被適當地萃取。

DRY MILL 乾處理廠：咖啡豆處理廠，會進行脫殼、挑選及生豆分級等出口前的處理。

DRY PROCESS 乾燥處理法：一種後製處理方式，咖啡果實會在脫殼取出其內咖啡豆之前經過乾燥。

EXTRACTION 萃取：沖煮咖啡的過程，依照咖啡粉與水的溶解程度分成不同種類。

FAIR TRADE MOVEMENT 公平交易運動：公平交易組織會發授認證，並保證合作之咖啡農的咖啡豆擁有基本價格。

FAST ROAST 快速烘焙：商業咖啡的烘焙方式，烘焙時間非常短，通常不到五分鐘，為製造即溶咖啡的過程之一。

FULLY WASHED 水洗處理法：一種後製處理方式，咖啡豆會從果實中擠出，接著在乾燥前進行發酵與洗淨。

GILING BASAH 濕磨處理法：一種在印尼常見的後製處理方式，在咖啡豆仍有高含水率時進行脫殼，接著乾燥。此處理法會讓咖啡風味添加特殊的土壤氣味。另見，半水洗處理法。

GREEN COFFEE 咖啡生豆：咖啡專業領域中，以此名稱代表未烘培的咖啡生豆。此時的咖啡豆已進入國際交易階段。

GRIND SIZE 研磨粗細：咖啡粉的顆粒大小。顆粒越小或細，越容易從中萃取風味。

HEIRLOOM VARIETIES 始祖變種群：用來表示自然原生的咖啡變種。

HONEY PROCESS 蜜處理法：一種後製處理方式，與去果皮日曬處理法相似，將咖啡豆自果實中擠壓出，但會保留某些比例的果肉直接進入乾燥程序。

IN REPOSO 休眠：咖啡生豆在脫殼、分級與準備出口前，所靜置的一段時間。一般認為這是讓咖啡豆裡濕氣成分穩定的重要過程。

INTERNATIONAL COFFEE AGREEMENT 國際咖啡協議：1962 年首次簽署，為防止國際市場咖啡供需擺盪與咖啡價格穩定，各個咖啡生產國同意採取的咖啡配額制度。

LATTE ART 拉花藝術：在將奶泡緩緩倒入義式濃縮咖啡時創作的圖案。

LEAF RUST 葉鏽病：一種會使咖啡樹葉形成橘色損傷的真菌，最終可能使整株咖啡樹死亡。

LIGHT ROAST 淺焙：一種咖啡烘焙程度，為保有咖啡的酸度與水果風味。咖啡豆呈現淺棕色。

LOT 批次：一批定量且經過某種程度篩選的咖啡豆。

MICROFOAM 微氣泡：當牛奶經過適當的蒸汽加熱所產生的微小泡沫。

MICRO-LOT 微批次：通常為十袋（每袋重量為 60 或 69 公斤）或更多，由咖啡園或咖啡生產者特意挑選出。

MIEL PROCESS 請見蜜處理法。

MONSOONING 風漬處理法：印度馬拉巴港沿海，當地咖啡豆在採收後會經過三至六個月的季風洗禮，咖啡豆因此酸度較低。

MOUTHFEEL 口感：形容當咖啡入口時所感受到的質地，從清爽如茶到濃郁似鮮奶油。

NATURAL PROCESS 日曬處理法：一種後製處理方式，咖啡果實經挑選後，小心地鋪在陽光下曝曬，直到整顆果實乾燥。

OVEREXTRACTION 過度萃取：表示沖煮咖啡時，萃取出的溶解物質比理想成分多。咖啡因此嘗起來有苦味、澀味與不討喜的風味。

PARCHMENT 內果皮：種子外具有保護作用的薄層，在咖啡出口前會將其脫除。

PARCHMENT COFFEE 帶殼豆：在經過採收與後製處理之後，咖啡還留有內果皮的狀態。此外層具有在輸出前防止咖啡品質下降的保護作用。

PEABERRY 小圓豆：咖啡果實中只有一顆種子的情形。

POTATO DEFECT 馬鈴薯味缺陷：非洲東部咖啡常有的缺陷特徵。當特定幾顆咖啡豆有此缺陷時，杯中咖啡嘗起來會有馬鈴薯皮的味道。

PULPED NATURAL PROCESS 去果皮日曬處理法：一種後製處理方式，咖啡果實以去果皮機剃除外果皮和大部分的果肉層，直接送至露臺或架高式日曬床進行乾燥程序。

RATIO（BREW）請見水粉比例。

ROBUSTA 羅布斯塔：精品咖啡產業採用的兩種主要咖啡品種之一。一般認為羅布斯塔的品質比阿拉比卡低，但較易在低拔地區生長，且對病蟲害有較強的抵抗力。

RUST-RESISTANT VARIETIES 抗葉鏽病咖啡品種：為阿拉比卡與羅布斯塔的變種，可抵抗一種稱為葉鏽病且可能使咖啡樹致命的真菌。

SCREEN SIZE 咖啡豆尺寸分級：以尺寸篩選咖啡豆，此篩子擁有許多不同大小的小洞。此為咖啡出口前經過的分級之一。

SEMI-WASHED PROCESS 半水洗處理法：請見去果皮日曬處理法。

SILVERSKIN 銀皮：一層緊附於咖啡豆上的薄膜。在烘豆過程中會掉落，又稱為「Chaff」。

SLOW ROAST 慢炒：一種緩慢、柔和的烘焙過程，通常希望藉此烘出高品質的咖啡。依照不同烘焙機種，烘焙時間介於十至二十分鐘。

SMALLHOLDER 咖啡小農：擁有小片種植咖啡地塊的咖啡生產者。

SPECIALITY MARKET 精品咖啡市場：以咖啡品質與風味為交易基礎的咖啡市場。此名詞也包括產業所有相關人士，如生產者、出口商、進口商、烘豆業者、咖啡店與消費者。

STRENGTH OF COFFEE 咖啡濃郁度：形容一杯咖啡中溶解了多少咖啡成分：通常一杯濾泡式咖啡中 1.3 ～ 1.5% 為咖啡成分，剩下的都是水分；一杯義式濃縮咖啡中則有 8 ～ 12%的咖啡成分。

STRIP PICKING 速剝採收法：一種採收方式，一次將整個枝條所有果實以熟練的手法快速剝除，但也較不精確，由於成熟果與未熟果會混雜在一起，因此仍然需要進行篩選。

TAMPING 填壓：用來形容沖煮義式濃縮咖啡之前壓緊咖啡粉的動作，使咖啡粉均勻、平整。此動作可以幫助咖啡均勻地萃取。

TERROIR 風土條件：綜合所有地理與氣候等影響咖啡風味的因素。

TRACEABILITY 產區可追溯性：咖啡產業鏈的透明程度以及保存方式，消費者可藉以知道特定批次咖啡由何者生產。

TYPICA 帝比卡：阿拉比卡咖啡中最早用在咖啡產業的品種。

UNDEREXTRACTION 萃取不足：表示沖煮咖啡時，沒有萃取出所有希望呈現的成分。咖啡因此嘗起來帶有臭酸與澀味。

WASHED PROCESS 水洗處理法：一種後製處理方式，咖啡果實會經過擠壓，將大部分的果實與咖啡豆分離。這些咖啡豆會經過發酵將牢牢黏附在咖啡豆上的果膠去除，接著在洗淨後仔細且緩慢地乾燥。

WASHING STATION 濕處理廠：咖啡果實會運送至濕處理廠，並在此進行種種處理，直到乾燥完成，帶殼豆的採收後處理方式很多元。

WET PROCESS 請見水洗處理法。

WET-HULLED PROCESS 請見半水洗處理法。

WET MILL 請見濕處理廠。

索引

圖片提供

Alamy Stock Photo Chronicle 129; F. Jack Jackson 192; Gillian Lloyd 154; hemis/Franck Guiziou 94-95; Image Source 62-63; imageBROKER/Michael Runkel 174; Jan Butchofsky 176-177; Jon Bower Philippines 178; Joshua Roper 212; Len Collection 236; mediacolor's 244-245; Phil Borges/Danita Delimont 220; Philip Scalia 228-229; Stefano Paterna 226-227; Vespasian 23; WorldFoto 138.

Blacksmith Coffee Roastery/www.BlacksmithCoffee. com 24l.

Corbis 2/Philippe Colombi/Ocean 253; Arne Hodalic 102; Bettmann 8; David Evans/National Geographic Society 201, 202; Frederic Soltan/Sygma 104; Gideon Mendel 32b; Ian Cumming/Design Pics 246; Jack Kurtz/ZUMA Press 250-251; Jane Sweeney/JAI 18; Janet Jarman 252; Juan Carlos Ulate/Reuters 210, 213, 214-215; KHAM/Reuters 188-189; Kicka Witte/Design Pics 241; Michael Hanson/National Geographic Society 134-135; Mohamed Al-Sayaghi/Reuters 191; Monty Rakusen/cultura 46; NOOR KHAMIS/Reuters 142; Pablo Corral V 262; Reuters/Henry Romero 32a; Rick D'Elia 147; Stringer/Mexico/Reuters 248; Swim Ink 2, LLC 116; Yuriko Nakao/Reuters 239.

Dreamstime.com Luriya Chinwan 163; Phanuphong Thepnin 184; Sasi Ponchaisang 182.

Enrico Maltoni 97, 98.

Getty Images Alex Dellow 48-49; B. Anthony Stewart/ National Geographic 110; Bloomberg via Getty Images 26, 166-167; Brian Doben 256-257; Bruce Block 152; Dimas Ardian/Bloomberg via Getty Images 170-171; Frederic Coubet 136; Gamma-Keystone via Getty Images 42; Glow Images, Inc. 29a; Harrriet Bailey/EyeEm 51; Ian Sanderson 6; Imagno 50; In Pictures Ltd./Corbis via Getty Images 157; Jane Sweeney 20; John Coletti 29b; Jon Spaull 218-219; Jonathan Torgovnik 156; Juan Carlos/Bloomberg via Getty Images 223, 224-225; Kelley Miller 16b; Kurt Hutton 106-107; Livia Corona 205; Luis Acosta/AFP 206-207; Mac99 260-261; MCT via Getty Images 38; Melissa Tse 173; Michael Boyny 197; Michael Mahovlich 30, 230, 233; Mint Images 68; Mint Images RF 66; National Geographic/Sam Abell 169; Philippe Bourseiller 140-141; Philippe Lissac/GODONG 133; Piti A Sahakorn/LightRocket via Getty Images 183; Polly Thomas 247; Prashanth Vishwanathan/Bloomberg via Getty Images 154; Ryan Lane 55; SambaPhoto/Ricardo de Vicq 16a; SSPL via Getty Images 13; Stephen Shaver/ Bloomberg via Getty Images 187; STR/AFP 217; TED ALJIBE/AFP 181; WIN-Initiative 242.

Gilberto Baraona 25r.

James Hoffmann 36.

Lineair Fotoarchief Ron Giling 125.

Mary Evans Picture Library INTERFOTO/Bildarchiv Hansmann 58.

Nature Picture Library Gary John Norman 158-159c.

Panos Sven Torfinn 148-149; Thierry Bresillon/Godong 126-127; Tim Dirven 128, 130.

REX Shutterstock Florian Kopp/imageBROKER 237; Imaginechina 162.

Robert Harding Picture Library Arjen Van De Merwe/ Still Pictures 144-145.

Shutterstock Alfredo Maiquez 255; Anawat Sudchanham 221; Athirati 28; ntdanai 17; Stasis Photo 16c; trappy76 14.

SuperStock imagebroker.net 151.

Sweet Maria's 234-235.

Thinkstock iStock/OllieChanter 72-73; iStock/Paul Marshman 158l.

致謝

研究者：Ben Szobody 與 Michael Losada
研究助理、翻譯與推動者：Alethea Rudd

感謝 Ric Rhinehart 與 Peter Giuliano 慷慨奉獻大量的時間與智慧。也萬分感謝 Square Mile Coffee Roasters 團隊中的每一位，感謝他們從過去至現在，未曾改變支持與鼓舞。

本書獻給我的家庭。

作者簡介

詹姆斯‧霍夫曼（James Hoffmann）為知名咖啡專家、作家，以及 2007 年世界咖啡師冠軍（World Barista Champion）。詹姆斯與他的專業團隊所經營的「Square Mile Coffee Roasters」，是一間成立於英國倫敦且屢屢獲獎的咖啡烘焙公司。作者經常在眾多咖啡生產國之間旅行，也是國際知名的講師。